高等学校教材·计算机科学与技术

信息保密与安全技术

主 编 王 成

副主编 廉 杰 郭一帆

西北工业大学出版社

西 安

【内容简介】　本书系统地介绍了信息保密与安全知识和技术,重点介绍了信息系统的安全运行和网络信息的安全保护。

　　本书可作为高等院校计算机类专业本科生的教材,也可作为网络管理人员、网络工程技术人员、信息安全管理人员以及对网络安全感兴趣的读者的参考书。

图书在版编目(CIP)数据

信息保密与安全技术 / 王成主编. --西安 ：西北
工业大学出版社，2024. 4. --(高等学校教材).
ISBN 978 - 7 - 5612 - 9272 - 3

Ⅰ. TP309

中国国家版本馆 CIP 数据核字第 2024WH4960 号

XINXI BAOMI YU ANQUAN JISHU
信 息 保 密 与 安 全 技 术
王成　主编

责任编辑：陈　瑶		策划编辑：何格夫	
责任校对：万灵芝		装帧设计：李　飞	
出版发行：西北工业大学出版社			
通信地址：西安市友谊西路 127 号		邮编：710072	
电　　话：(029)88493844,88491757			
网　　址：www.nwpup.com			
印 刷 者：陕西天意印务有限责任公司			
开　　本：787 mm×1 092 mm		1/16	
印　　张：11			
字　　数：275 千字			
版　　次：2024 年 4 月第 1 版		2024 年 4 月第 1 次印刷	
书　　号：ISBN 978 - 7 - 5612 - 9272 - 3			
定　　价：45.00 元			

如有印装问题请与出版社联系调换

前　言

　　信息安全是一个不断发展和丰富的概念,它经历了从保密通信、计算机安全、信息安全到信息保障的演变。信息安全的需求也从保密性扩展到完整性、可用性、不可否认性和可控性。人们在不断探索和发现各种技术来满足信息安全需求的同时,逐渐认识到信息安全是一个综合的多层面问题。一个完整的国家信息安全保障体系应该包括信息安全法制体系、组织管理体系、基础设施、技术保障体系、经费保障体系和安全意识教育人才培养体系。

　　要保障信息安全,"三分靠技术,七分靠管理",管理是信息安全保障的关键。信息安全管理的原则体现在政府制定的政策法规和机构部门制定的规范制度上。同时,信息安全技术蓬勃发展,形成了一个新的产业,规模化的信息安全产业发展需要技术标准来规范信息系统的建设和使用,生产出满足社会需求的安全产品。

　　本书从信息保密与安全技术入手,引入信息安全的技术和应用,在内容选取上,既注意到理论的系统性,又顾及材料的多样性,突出了理论与实践的结合。本书还在传统信息保密与安全技术的基础上加入了案例分析,彰显了本书的特色。

　　在本书的编写过程中参考了相关文献、资料,在此,谨向其作者深表谢意。

　　由于水平所限,有关内容的介绍还有待进一步深化、细化,书中不足之处在所难免,望广大读者批评指正。

编　者

2023 年 12 月

目　　录

第1章　信息保密与安全技术概述

　　信息是人类的宝贵资源，也是影响国家综合实力的重要因素。能否大量而有效地利用信息是衡量社会发展水平的重要标志之一。对信息的开发、控制和利用是信息处理的主要目标。如何有效地保护信息的安全是很重要的研究课题，信息的安全保障也是国家现在与未来安全保障的迫切需求。

　　信息安全指的是保护计算机信息系统中的资源（包括计算机硬件、计算机软件、存储介质、网络设备和数据等），免受毁坏、替换、盗窃或丢失等。信息系统的安全主要包括计算机系统的安全和网络方面的安全。随着网络的不断发展，全球信息化已成为发展趋势，网络的开放性和互联性等特征，使得网络易受计算机病毒、黑客、恶意软件和其他不轨行为的攻击，信息系统的安全保障是一项很重要的工作。

　　本章将主要阐述信息安全的有关概念，几种常用的信息安全技术，信息安全的必要性以及五种威胁，网络安全的社会意义以及信息战的形式和种类等。

1.1　信　息　安　全

1.1.1　信息安全的定义

　　信息是一种资产，同其他重要的商业资产一样，对其所有者而言具有一定的价值。信息可以以多种形式存在，它能被打印或写在纸上，能够数字化存储，也可以通过邮局或以电子邮件方式发送。无论以何种形式存在，或者以何种方式共享或存储，信息都应当得到恰当的保护。

　　国际标准化组织（ISO）和国际电工委员会（IEC）在 ISO/IEC 17799:2005 协议中对信息安全是这样描述的："保持信息的保密性、完整性、可用性，另外，也可能包含其他特性，例如真实性、可核查性、抗抵赖和可靠性等。"

　　通俗地讲，信息安全是指网络系统的硬件、软件及其系统中的数据受到保护，不因偶然的或恶意的原因而遭到破坏、更改和泄露，系统能够连续、可靠、正常地运行，网络服务不中断。

对信息安全的描述大致可以分成两类：一类是指具体的信息技术系统的安全,另一类则是指某一特定的信息体系(如银行信息系统、证券行情与交易系统等)的安全。但也有人认为这两种定义都不全面,而应把信息安全定义为一个国家的社会信息化状态与信息技术体系不受外来的威胁与侵害。信息安全首先是一个国家宏观的社会信息化状态是否处于自主控制之下、是否稳定的问题,其次才是信息技术安全的问题。

因此,信息安全的作用是保护信息不受到大范围的威胁和干扰,能保证信息流的顺畅,减少信息的损失。

1.1.2 信息安全的特征

无论入侵者使用何种方法和手段,他们的最终目的都是要破坏信息的安全属性。信息安全在技术层次上的含义就是要杜绝入侵者对信息安全属性的攻击,使信息的所有者能放心地使用信息。ISO 将信息安全归纳为保密性、完整性、可用性和可控性 4 个特征。

(1)保密性是指保证信息只让合法用户访问,不泄露给非授权的个人和实体。信息的保密性可以具有不同的保密程度或层次,所有人员都可以访问的信息为公开信息,需要限制访问的信息一般为敏感信息。敏感信息又可以根据信息的重要性及保密要求分为不同的密级,例如国家根据秘密泄露对国家经济、安全利益产生的影响,将国家秘密分为秘密、机密和绝密 3 个等级。我们可根据信息安全要求的实际,在符合《中华人民共和国保守国家秘密法》的前提下将信息划分为不同的密级。

(2)完整性是指保障信息及其处理方法的准确性、完全性。这一方面是指信息在利用、传输、存储等过程中不被窜改、不丢失、不缺损等,另一方面是指信息处理的方法的正确性。不正当的操作,有可能造成重要信息的丢失。信息完整性是信息安全的基本要求,破坏信息的完整性是影响信息安全的常用手段。例如,破坏商用信息的完整性可能就会导致整个交易的失败。

(3)可用性是指有权使用信息的用户在需要的时候可以立即获取。例如,有线电视线路被中断就是对信息可用性的破坏。

(4)可控性是指对信息的传播及内容具有控制能力。实现信息安全需要一套合适的控制机制,如策略、惯例、程序、组织结构或软件功能,这些都是用来保证信息的安全目标能够最终实现的机制。例如,美国制定和倡导的密钥托管、密钥恢复措施就是实现信息安全可控性的有效方法。

不同类型的信息在保密性、完整性、可用性和可控性等方面的侧重点会有所不同,如军事情报、专利技术、市场营销计划的保密性尤其重要,而对于工业自动控制系统,控制信息的完整性相对其保密性则重要得多。

确保信息的保密性、完整性、可用性和可控性是信息安全的最终目标。

1.1.3 信息安全的内容

信息安全的内容包括实体安全与运行安全两方面的含义。实体安全是指保护计算机设备、设施以及其他硬件设施免遭地震、水灾、火灾、有害气体和其他环境事故以及人为因素破坏的安全措施。运行安全是指为保障系统功能的安全实现,提供一套安全措施来保护信息处理过程的安全。信息安全的内容可以分为计算机系统安全、数据库安全、网络安全、病毒防护安全、访问控制安全、加密安全 6 个方面。

(1)计算机系统安全是指计算机系统的硬件和软件资源能够得到有效的控制,保证其资源能够正常使用,避免各种运行错误与硬件损坏,为进一步的系统构建工作提供一个可靠安全的平台。

(2)数据库安全是指对数据库系统所管理的数据和资源提供有效的安全保护。一般采用多种安全机制与操作系统相结合的方式实现数据库的安全保护。

(3)网络安全是指对访问网络资源或使用网络服务的安全保护,为网络的使用提供一套安全管理机制。例如,跟踪并记录网络的使用,监测系统状态的变化,对各种网络安全事故进行定位,提供某种程度的对紧急事件或安全事故的故障排除能力。

(4)病毒防护安全是指对计算机病毒的防护能力,包括单机系统和网络系统资源的防护。这种安全主要依赖病毒防护产品来保证,病毒防护产品通过建立系统保护机制,达到预防、检测和消除病毒的目的。

(5)访问控制安全是指保证系统的外部用户或内部用户对系统资源的访问以及对敏感信息的访问方式符合事先制定的安全策略,主要包括出入控制和存取控制。出入控制主要是阻止非授权用户进入系统;存取控制主要是对授权用户进行安全性检查,以实现存取权限的控制。

(6)加密安全是指为了保证数据的保密性和完整性,通过特定算法完成明文与密文的转换。例如,数字签名是为了确保数据不被窜改,虚拟专用网是为了实现数据在传输过程中的保密性和完整性而在双方之间建立的唯一的安全通道。

1.1.4　开放式系统互连(Open System Interconnect,OSI)信息安全体系结构

为了适应网络技术的发展,ISO 的计算机专业委员会根据 OSI 参考模型制定了一个网络安全体系结构——《信息处理系统　开放系统互连基本参考模型　第 2 部分:安全体系结构》,即 ISO 7498 - 2:1989(对应国家标准 GB/T 9387.2—1995)。它主要解决网络信息系统中的安全与保密问题。该模型结构中包括五类安全服务以及提供这些服务所需要的八类安全机制。

1.1.4.1　安全服务

安全服务是由参与通信的开放系统的某一层所提供的服务,是针对网络信息系统安全的基本要求而提出的,旨在加强系统的安全性以及对抗安全攻击。ISO 7498 - 2:1989 标准中的五大类安全服务,即鉴别、访问控制、数据保密性、数据完整性和禁止否认。

(1)鉴别服务用于保证双方通信的真实性,证实通信数据的来源和去向是我方或他方所要求和认同的。它包括对等实体鉴别和数据源鉴别。

(2)访问控制服务用于防止未经授权的用户非法使用系统中的资源,保证系统的可控性。访问控制不仅可以提供给单个用户,也可以提供给用户组。

(3)数据保密性服务的目的是保护网络中各系统之间交换的数据,防止因数据被截获而

造成泄密。

（4）数据完整性服务用于防止非法用户的主动攻击（如对正在交换的数据进行修改、插入，使数据延时以及丢失数据等），以保证数据接收方收到的信息与发送方发送的信息完全一致。它包括可恢复的连接完整性、无恢复的连接完整性、选择字段的连接完整性、无连接完整性。

（5）禁止否认服务用来防止发送数据方发送数据后否认自己发送过的数据，或接收方接收数据后否认自己收到过数据。它包括不可否认发送和不可否认接收。

1.1.4.2 安全机制

安全机制可以分为两类：一类与安全服务有关，是实现安全服务的技术手段；另一类与管理功能有关，用于加强对安全系统的管理。ISO 7498-2:1989 提供的八类安全机制，分别是加密机制、数据签名机制、访问控制机制、数据完整性机制、认证交换机制、防业务填充机制、路由控制机制和公证机制。

1.2 网络安全

1.2.1 网络安全的攻防体系

网络安全攻防体系由攻击技术和防御技术构成，攻击技术和防御技术由工具软件实施，以网络协议和操作系统为物理基础，其构成如图 1.1 所示。

图 1.1 网络安全的攻防体系

1.2.1.1 攻击技术

攻击技术是指针对计算机信息系统、基础设施、计算机网络或个人计算机设备的任何类型的进攻动作。对于计算机和计算机网络来说，破坏、揭露、修改、使软件或服务失去功能、

在没有得到授权的情况下偷取或访问任何一计算机的数据,都会被视为对计算机和计算机网络的攻击。攻击技术主要有以下 5 种:

(1)网络监听。不主动去攻击目标计算机,在计算机上设置一个程序去监听目标计算机与其他计算机通信的数据。

(2)网络扫描。利用程序去扫描目标计算机开放的端口等,目的是发现漏洞,为入侵该计算机做准备。

(3)网络入侵。在探测发现对方存在漏洞以后,入侵到目标计算机获取信息。

(4)网络后门。成功入侵目标计算机后,为了对"战利品"的长期控制,在目标计算机中植入木马等后门。

(5)网络隐身。入侵完毕退出目标计算机后,将自己入侵的痕迹清除,从而防止被对方管理员发现。

1.2.1.2　防御技术

防御技术是指用于保护计算机网络免受恶意攻击和未经授权访问的技术手段,主要有以下 4 种:

(1)操作系统的安全配置。操作系统的安全是整个网络安全的关键。

(2)加密技术。为了防止被监听和盗取数据,将所有的数据进行加密。

(3)防火墙技术。利用防火墙对传输的数据进行限制,从而防止被入侵。

(4)入侵检测。如果网络防线最终被攻破,需要及时发出被入侵的警报。

为了保证网络的安全,在软件方面可以有两种选择:一种是使用已经成熟的工具,比如抓数据包软件 Sniffer、网络扫描工具 X-Scan 等;另一种是自己编制程序,目前网络安全编程常用的计算机语言为 C、C++或 Perl 语言。

为了使用工具和编制程序,必须熟悉两方面的知识:一方面是两大主流操作系统,即 UNIX 和 Windows 系列操作系统。另一方面是网络协议,常用的网络协议包括传输控制协议(Transmission Control Protocol,TCP)、网络协议(Internet Protocol,IP)、用户数据报协议(User Datagram Protocol,UDP)、简单邮件传输协议(Simple Mail Transfer Protocol,SMTP)、邮局协议(Post Office Protocol,POP)、文件传输协议(File Transfer Protocol,FTP)等。

1.2.2　网络安全的层次体系

从层次体系上,可以将网络安全分成 4 个层次上的安全:物理安全、逻辑安全、操作系统安全、联网安全。

1.2.2.1　物理安全

物理安全主要包括 5 个方面:防盗、防火、防静电、防雷击、防电磁泄漏。

(1)防盗。像其他物体一样,计算机也是偷窃者的目标,例如盗走软盘、主板等。计算机偷窃行为所造成的损失可能远远超过计算机本身的价值,因此必须采取严格的防范措施,以确保计算机设备不丢失。

（2）防火。计算机机房发生火灾一般是由电气原因、人为事故或外部火灾蔓延引起的。电气设备和线路可能因为短路、过载、接触不良、绝缘层破坏或静电等原因引起电打火而导致火灾。人为事故是指由于操作人员不慎，吸烟、乱扔烟头等，使存在易燃物质（如纸片、磁带、胶片等）的机房起火，当然也不排除人为故意放火。外部火灾蔓延是因外部房间或其他建筑物起火蔓延到机房而引起火灾。

（3）防静电。静电是由物体间的相互摩擦、接触而产生的，计算机显示器也会产生很强的静电。静电产生后，由于未能释放而保留在物体内，会有很高的电位（能量不大），从而产生静电放电火花，造成火灾。静电还可能使大规模集成电器损坏，这种损坏可能是难以察觉的。

（4）防雷击。防范雷击的主要措施是，根据电气、微电子设备的不同功能及不同的受保护程序和所属保护层确定防护要点，做分类保护。根据雷电和操作瞬间过电压危害的可能通道从电源线到数据通信线路都应做多层保护。利用引雷机理的传统避雷针防雷，不但会增加雷击概率，而且会产生感应雷，而感应雷是电子信息设备被损坏的主要杀手，也是易燃易爆品被引燃起爆的主要原因。

（5）防电磁泄漏。电磁泄漏是指信息系统的设备在工作时能经过地线、电源线、信号线、寄生电磁信号或谐波等辐射出去，产生电磁泄漏。这些电磁信号如果被接收下来，经过提取处理，就可恢复原信息，造成信息失密。具有保密要求的计算机信息系统必须注意防止电磁泄漏。

电子计算机和其他电子设备一样，工作时会产生电磁发射。电磁发射包括辐射发射和传导发射。这两种电磁发射可被高灵敏度的接收设备接收并进行分析、还原，造成计算机的信息泄露。屏蔽是防电磁泄漏的有效措施，屏蔽主要有电屏蔽、磁屏蔽和电磁屏蔽 3 种类型。

1.2.2.2　逻辑安全

计算机的逻辑安全需要用口令、文件许可等方法来实现。

限制存取的一种方式是可以限制登录的次数或对试探操作加上时间限制，也可以用软件来保护存储在计算机文件中的信息；限制存取的另一种方式是通过硬件，即在接收到存取要求后，先询问并校核口令，然后访问列于目录中的授权用户标志号。

此外，有一些安全软件包也可以跟踪可疑的、未授权的存取企图，例如，多次登录或请求别人的文件。

1.2.2.3　操作系统安全

操作系统是计算机中最基本、最重要的软件。同一计算机可以安装几种不同的操作系统。如果计算机系统可提供给许多人使用，那么操作系统必须能区分用户，以便防止相互干扰。

一些安全性较高、功能性较强的操作系统可以为计算机的每一位用户分配账户。通常，一个用户一个账户。操作系统不允许一个用户修改由另一个账户产生的数据。

1.2.2.4　联网安全

联网的安全性通过以下两方面的安全服务来达到：

（1）访问控制服务。用来保护计算机和联网资源不被非授权用户使用。

（2）通信安全服务。用来认证数据的机要性与完整性，以及各通信的可信赖性。

1.3　信息安全的重要性

信息与外界联系会受到许多方面的威胁：物理威胁、系统漏洞威胁、身份鉴别威胁、线缆连接威胁、有害程序威胁等。

1.3.1　物理威胁

物理威胁包括 4 个方面：偷窃、废物搜寻、间谍行为、身份识别错误。

（1）偷窃。网络安全中的偷窃包括偷窃设备、偷窃信息和偷窃服务等内容。如果想偷的信息在计算机里，那么一方面可以将整台计算机偷走，另一方面可以通过监视器读取计算机中的信息。

（2）废物搜寻。废物搜寻就是在废物（如一些打印出来的材料或废弃的软盘）中搜寻所需要的信息。在计算机上，废物搜寻可能包括从未抹掉有用信息的软盘或硬盘上获得有用资料。

（3）间谍行为。间谍行为是一种为了省钱或获取有价值的机密而采用不道德的手段获取信息的行为。

（4）身份识别错误。身份识别错误是指非法建立文件或记录，企图把它们作为有效的、正式生产的文件或记录。例如，对具有身份鉴别特征的物品如护照、执照、出生证明或加密的安全卡进行伪造，就属于身份识别发生错误的范畴。这种行为对网络数据构成了巨大的威胁。

1.3.2　系统漏洞威胁

系统漏洞造成的威胁包括 3 个方面：乘虚而入、不安全服务、配置和初始化错误。

（1）乘虚而入。例如，用户 A 停止了与某个系统的通信，但由于某种原因仍使该系统上的一个端口处于激活状态。这时，用户 B 通过这个端口开始与这个系统通信，这样就不必通过任何申请而使用端口的安全检查了。

（2）不安全服务。有时操作系统的一些服务程序可以绕过机器的安全系统。互联网蠕虫就利用了 UNIX 系统中三个可绕过的机制。

（3）配置和初始化错误。如果不得不关掉一台服务器以维修它的某个子系统，那么几天后重启服务器时，可能会招致用户的抱怨，说他们的文件丢失了或被窜改了，这就有可能是在系统重新初始化时，安全系统没有正确初始化，从而留下了安全漏洞让人利用。类似的问题在木马程序修改了系统的安全配置文件时也会发生。

1.3.3　身份鉴别威胁

身份鉴别造成的威胁包括 4 个方面：口令圈套、口令破解、算法考虑不周、编辑口令。

(1)口令圈套。口令圈套是网络安全的一种诡计,与冒名顶替有关。常用的口令圈套通过一个编译代码模块实现,它运行起来和登录屏幕一模一样,被插入在正常登录过程之前,最终用户看到的只是先后两个登录屏幕,第一次登录失败了,所以用户被要求再输入用户名和口令。实际上,第一次登录并没有失败,它将登录数据,如用户名和口令写入这个数据文件,留待使用。例如,伪基站发送短信。

(2)口令破解。破解口令就像是猜测密码锁的数字组合一样,目前已出现许多能提高成功率的方法。

(3)算法考虑不周。口令输入必须在一定条件下才能正常地工作,这个过程通过某些算法实现。在一些攻击入侵案例中,入侵者采用超长的字符串破坏了口令算法,成功地进入了系统。

(4)编辑口令。编辑口令需要依靠操作系统漏洞,比如公司内部的人建立了一个虚拟的账户或修改了一个隐含账户的口令,这样,任何知道那个账户的用户名和口令的人都可以访问该机器了。

1.3.4 线缆连接威胁

线缆连接造成的威胁包括3个方面:窃听、拨号进入、冒名顶替。

(1)窃听。对通信过程进行窃听可达到收集信息的目的。这种电子窃听不一定需要将窃听设备安装在电缆上,其通过检测从连线上发射出来的电磁辐射就能拾取所要的信号。

为了使机构内部的通信有一定的保密性,可以使用加密手段来防止信息被解密。量子加密是目前较为安全的加密技术。

(2)拨号进入。只要拥有一个调制解调器和一个电话号码,就可以试图通过远程拨号访问网络,尤其是拥有所期望攻击的网络的用户账户时,就会对网络造成很大的威胁。

(3)冒名顶替。冒名顶替即通过使用别人的密码和账号获得对网络及其数据、程序的使用能力。这种办法实现起来一般需要有机构内部的了解网络和操作过程的人参与。

1.3.5 有害程序威胁

有害程序造成的威胁包括3个方面:病毒、代码炸弹、特洛伊木马程序。

(1)病毒。病毒是一种把自己的复制品附着于机器中的另一程序上的一段代码。通过这种方式病毒可以进行自我复制,并随着它所附着的程序在机器之间传播。

(2)代码炸弹。代码炸弹是一种具有杀伤力的代码,其原理是一旦到达设定的日期或钟点,或在机器中发生了某种操作,代码炸弹就被触发并开始产生破坏性操作。代码炸弹不必像病毒那样四处传播:程序员将代码炸弹写入软件中,使其产生一个不会被轻易找到的安全漏洞,一旦该代码炸弹被触发,这个程序员便会被请回来修正这个错误,并赚一笔钱。这种高技术的敲诈让受害者甚至不知道他们被敲诈了,即便他们有疑心也无法证实自己的猜测。

(3)特洛伊木马程序。特洛伊木马程序一旦被安装到机器上,便可按编制者的意图行事。特洛伊木马程序能够摧毁数据,有时伪装成系统上已有的程序,有时创建新的用户名和口令。

1.4　网络安全的社会意义

网络安全在现代社会具有重要的社会意义,主要体现在以下几个方面:

(1)保护个人隐私。网络安全可以保护个人的隐私和个人信息不被未经授权访问和滥用。个人信息的泄露可能导致身份盗窃、金融欺诈等问题,因此网络安全对于个人的隐私保护至关重要。

(2)维护国家安全。网络安全对于国家安全具有重要意义。现代社会的许多关键基础设施,如电力、交通、通信等都依赖于网络。网络攻击可能导致国家的关键基础设施瘫痪,对国家安全造成严重威胁。

(3)保护商业利益。网络安全对于商业至关重要。网络安全可以保障商业数据安全,提升企业信誉,确保企业业务连续,增强竞争力。

1.4.1　网络安全与经济

一个国家信息化程度越高,整个国民经济和社会运行对信息资源和信息基础设施的依赖程度也越高。网络安全和经济发展并不是相互独立的,它们之间存在着多种复杂的关系。正常的经济活动需要稳定、安全的网络运行,而网络安全保障则需要经济的支持和建设。

首先,网络安全有利于促进经济发展。在现代经济中,许多关键的信息、数据和设备都连接在网络上,大量的经济活动都需要网络互联和数据支持。构建稳定和安全的网络环境,可以为企业提供更安全、更高效的技术支持,有效防范网络攻击和欺诈行为,并提高企业的核心竞争力和市场信誉度。

其次,经济发展也有利于网络安全。随着科技的发展,网络安全的需要逐渐增加。良好的经济环境能够为网络安全技术的研发、创新提供必要的资金和资源支持,积极推进网络安全的技术和理念革新,促进网络安全的发展和进步。

另外,网络安全措施也可以提高监管的效果,促进市场的公正竞争和规范运作。在当前市场竞争比较激烈的情况下,为了防范和打击不正规、违法、欺诈等经济活动,需要加强网络安全科技的监管和运用,以确保市场运作的公正性、公平性,保证公平竞争。

同时,经济发展和网络安全的共赢也需要政府、企业、个人三方共同努力。政府需要加大对网络安全领域的投入,推进网络安全的法律政策和规范建设。企业应该积极参与到网络安全领域的建设与保护中,并构建可持续、透明、可靠的网络安全体系。个人需要增强网络安全及个人信息保护的意识,提高技术水平,学习和了解网络安全常识,使人与网络之间能够建立更稳定、更和谐、更安全的关系。

2021 年 12 月,国务院发布的《“十四五”数字经济发展规划》明确提出要着力强化数字经济安全体系的构建,一是增强网络安全防护能力,二是提升数据安全保障水平,三是切实有效防范数字经济带来的各类风险。《中华人民共和国网络安全法》施行的这几年来,作为数字经济安全底座的关键信息基础设施安全实现了有法可依,通过建立健全关键信息基础设施保护体系,提升了安全防护能力。在制度建立和技术创新等多重因素的影响下,国家网络安全能力、数字安全体系建设的促进效应愈发凸显,数字经济新形势发展可观。

"十四五"规划提到加强网络安全保护,体现了党和国家对网络安全的重视。未来,网络安全将从信息化的附属技术变成数字化发展、数字经济发展的基础和前提。

1.4.2 网络安全与社会稳定

如今互联网带来的巨大便利已经深刻影响着现实生活的方方面面。当然,在网络普及的同时,也会有一些不良不实的信息充斥其中。一些人和组织故意"造热点""蹭热点""带节奏",给社会带来了严重的危害。

首先是对谣言对象的无辜伤害,不仅会使其名誉形象受损,严重的还会带来资产损失,甚至有人因此失去了生命;再者就是网络谣言会让不明真相的"吃瓜群众"信以为真,从而破坏社会和谐,影响社会稳定,严重的还会危害国家安全;最后网络谣言制造者还会利用网络传播快、影响大等优势,为一己私利带动舆论导向,影响正常的网络商业行为。近几年全国公安机关以强有力的实际行动整治网络谣言问题乱象,积极营造清朗有序的网络环境。但网络谣言的乱象依然存在,主要因为:其一,"流量经济"驱动博眼球。热点事件发生后,往往带有巨大的网络流量,一些自媒体人员在"流量经济"的驱动下,为了在短时间内获得巨大流量,利用公众焦虑、宣泄情绪需求,同情弱者、围观猎奇心理等,搬运加工、二次创作、东拼西凑、张冠李戴甚至直接造谣,挑动网络用户情绪,以达到蹭流量、博取关注、牟取利益的目的。其二,网络用户辨别真假能力不强。在信息不对称的客观因素影响下,一些网络用户极易被谣言信息带偏认知,客观上助推了谣言的传播扩散。其三,利益链条难斩断。"网络水军"团伙公司化运作,运营大量自媒体账号,通过批量编造发布各类虚假文章、视频吸引眼球、引流牟利,甚至"造热点",裹挟舆论、误导公众,以此获利。

因此,要想拥有一个清朗有序的网络环境,不能单靠公安机关的一方力量,理当从治理的行政机关、参与治理的市场主体、治理措施、治理程序等制度建设入手。

一是治理网络谣言需要完善相应的法律体系。大数据互联网时代,国家治理也应制定一部统一的互联网基本法,在其中将网络谣言治理的内容进行集中调整,推进互联网安全、互联网产业发展和公民网络权利之间的平衡,实现网络谣言治理体系现代化。

二是要优化网络谣言治理行政机关的设置。设置合理、运作顺畅、高效权威的行政机关体系,将涉及网络谣言治理和网络信息规制的职权进行适度整合。

三是加强平台及账号的管理。坚决杜绝以往一些网站平台对网络谣言信息缺乏有效管控,甚至为了流量和热度,纵容网络谣言传播的行为。平台应该对敏感领域、敏感事件产生的各种信息加强识别。建立溯源机制,发挥"黑名单"作用,对首发者或多次发布传播谣言信息的账号主体予以严厉惩戒,同时移送有关部门依法追究责任。

四是加强安全教育和优化举报机制。提醒广大网络用户"不造谣、不传谣、不信谣",提高对网络信息的鉴别、识别能力,不转发任何未经证实的信息,避免成为网络谣言传播的"二传手"。同时,发动广大网络用户积极举报,提供谣言信息线索。

当然,网络生态治理是一项长期性的工作,应对网络谣言,不是监管方的"一家事",而是要所有网络用户共同努力,才能构建和谐、健康、有序的网络环境。

1.4.3　网络安全与军事

网络安全对军事具有重要的影响,主要体现在以下几个方面:

(1)信息战能力。网络安全是信息战能力的重要组成部分。军事机构需要具备强大的网络安全能力,包括网络侦察、网络攻击和网络防御等方面的技术和人员。网络安全能力可以帮助军事机构获取敌方情报、干扰敌方通信、保护自身信息等,提高信息战的效果和成功率。

(2)作战效能。网络安全对军事作战效能有直接影响。网络攻击可能导致军事通信中断、指挥系统瘫痪、作战计划泄露等,严重影响作战的效果和结果。加强网络安全措施,可以确保军事通信的可靠性和连通性,防止网络攻击对作战行动造成干扰和延误。网络安全的提升可以提高作战指挥的准确性和及时性,增强作战部队的协同作战能力。

(3)军事装备保护。现代军事装备和设施越来越依赖于网络和信息技术。网络安全的重要性在于保护军事装备不受网络攻击的影响。网络攻击可能导致军事装备的损坏、被控制或被窜改,对军事行动和作战能力造成严重影响。加强网络安全措施,可以保护军事装备的完整性和可靠性,确保其正常运行和发挥作用。

1.5　信　息　战

1.5.1　信息战的特点

信息战以计算机为主要武器,以覆盖全球的计算机网络为主战场,以攻击敌方的信息系统为主要手段,以数字化战场为依托,以信息化部队为基本作战力量,是运用各种信息武器和信息系统,围绕信息的获取、控制和使用而展开的一种新型独特的作战样式。

信息战的目的是夺取信息优势,核心是保护己方的信息资源,攻击敌方的信息控制。

信息战的最终目标是信息系统、设施赖以生存和运转的基础——计算机网络。

信息战的本质是围绕争夺信息控制权的信息对抗。

计算机病毒可以作为一种"以毒攻毒"的信息对抗手段。

1.5.2　信息战的主要内容

(1)信息保障:知己知彼。

(2)信息防护:保护我方。

(3)信息对抗:打击敌方。

信息保障是关键,要确保信息防护措施和信息对抗措施的有效运作。

1.5.3　信息战的主要形式

信息战按作战性质分为信息进攻战和信息防御战。

信息进攻战由信息侦察、信息干扰和破坏、"硬"武器的打击组成。

信息防御战指针对敌人可能采取的信息攻击行为，采取强有力的措施保护己方的信息系统和网络，从而保护信息的安全。它由信息保护、电磁防护、物理防护三大方面组成。

信息进攻战与信息防御战的关系：要打赢一场信息战，关键在于如何有效地保障自身信息系统的安全性。其中，防御占90%，进攻占10%。

1.5.4　信息战的主要武器

1.5.4.1　进攻性武器

进攻性信息战武器或技术主要有计算机病毒、蠕虫、特洛伊木马、逻辑炸弹、芯片陷阱、纳米机器人、芯片微生物、电子干扰、高能定向武器、电磁脉冲炸弹。此处简要介绍芯片陷阱和电磁脉冲炸弹。

（1）芯片陷阱。芯片陷阱是指在芯片设计、制造或供应链过程中植入恶意功能或漏洞的行为。这些恶意功能或漏洞可能被用于获取敏感信息、控制系统、破坏设备或进行其他恶意活动。芯片陷阱可能是由供应链中的恶意行为者、竞争对手、间谍组织或其他利益相关方实施的。

芯片陷阱的目的是在不引起怀疑的情况下，通过植入恶意功能或漏洞来获取非法利益。这些陷阱可能非常隐蔽，很难被发现。一旦被植入，芯片陷阱可能会对系统的安全性和可靠性造成严重威胁。

（2）电磁脉冲（Electromagnetic Pulse，EMP）炸弹。这是一种利用强大的电磁脉冲辐射来破坏电子设备和电力系统的武器。它通过释放高能电磁脉冲辐射，可以瞬间破坏或干扰电子设备中的电路和电子元件，导致设备失效或损坏。电磁脉冲炸弹可以分为两种类型：高空爆炸型和近距离爆炸型。

1）高空爆炸型。这种类型的电磁脉冲炸弹是在大气层高空中引爆，产生强大的电磁脉冲辐射。电磁脉冲辐射与地面上的电力系统和电子设备交互作用时，可以引发电力系统的瘫痪和电子设备的损坏。这种类型的电磁脉冲炸弹具有广泛的破坏范围，可以对大片区域的电力和通信系统造成影响。

2）近距离爆炸型。这种类型的电磁脉冲炸弹是在近距离内引爆，产生局部的电磁脉冲辐射。它主要用于破坏特定目标，如军事设施、通信设备或敌方的电子系统。近距离爆炸型的电磁脉冲炸弹通常需要更接近目标才能发挥作用。

1.5.4.2　防御性武器

防御性信息战武器或技术主要有密码技术、计算机病毒检测与清除技术、网络防火墙、信息设施防护、电磁屏蔽技术、防窃听技术、大型数据库安全技术、访问控制、审计跟踪、信息隐蔽技术、入侵检测系统和计算机取证技术等。

1.5.5　信息战的种类

1.5.5.1　情报战

情报战是指围绕获取和运用情报而展开的斗争，又称情报作战。狭义的情报战是指敌我双方为获取对方情报和防御对方搜集己方情报而进行的各种对抗活动,例如美国的棱镜计划(Prism Program)。棱镜计划是美国国家安全局(NSA)在 2013 年被曝出的一个秘密监控计划。根据爆料者爱德华·斯诺登(Edward Snowden)的披露,棱镜计划旨在通过合作与监控大型科技公司,获取大量的网络通信数据和用户信息。

据报道,棱镜计划允许美国国家安全局直接从包括谷歌、微软、苹果、Facebook、雅虎等在内的知名科技公司获取用户的通信数据,包括电子邮件、聊天记录、音频和视频通话等。这些数据可以用于情报收集和监视目的,以便发现潜在的恐怖主义威胁和其他安全问题。

1.5.5.2　网络战

计算机网络是信息对抗双方藉以争夺信息优势的制高点,进攻方利用网络进行计算机病毒攻击、阻塞网络、拒绝服务,防御方采取抗病毒、入侵检测等反击手段和措施。网络战是一种破坏性极强的“顶级”作战形式,它的实施关系到国家的安危与存亡。例如以色列 8200 部队。

以色列 8200 部队是以色列国防军(IDF)的一个特殊情报单位,也被称为军情 8200 部队。该部队成立于 1952 年,是以色列最重要的情报机构之一,负责收集、分析和解释情报信息,以支持以色列的国家安全和军事行动。

该部队的成员经过严格的选拔和培训(包括技术、情报和军事方面的训练)。他们非常重视保密性,并且在执行任务时遵循严格的操作程序。

以色列 8200 部队在以色列国内外享有很高的声誉和地位。他们的成员通常是相关技术和情报领域的专家,拥有先进的技能和知识。这些成员在完成服役后,往往在私营部门或创业领域继续发展自己的职业。

8200 部队的任务范围广泛,包括但不限于以下几个方面:

(1)电子侦察。使用先进的技术和设备,收集和分析电子信号,以获取情报信息。

(2)网络战。进行网络侦察和网络攻击,以保护以色列的网络安全和进行网络情报活动。

(3)密码学。研究和开发密码学算法和技术,以确保以色列的通信和信息安全。

1.5.5.3　心理战

信息战中的心理战是一种战略手段,旨在通过影响敌方的心理状态和行为来实现军事、政治或社会目标。心理战的目标是通过传播特定的信息、引发舆论、操纵情绪和影响决策,以改变敌方的态度、行为和意图。

在信息战中,心理战可以通过以下方式实施:

(1)宣传和舆论操控。心理战通过新闻媒体、社交媒体和其他渠道传播特定的信息,引发舆论,影响公众的观点和态度。

(2)信息操作和虚假信息。心理战通过散布虚假信息、扭曲事实或操纵信息的呈现方式,影响敌方的决策和行动。

(3)情感操控。心理战可以利用情感和情绪来影响敌方的行为。通过激发敌对方恐惧、愤怒、希望或其他情感,心理战可以影响敌方的决策和行动。

（4）人心争夺。心理战可以通过与敌方士兵、指挥官或民众进行接触和交流，以改变他们的观点、态度和忠诚度。这可以通过宣传活动、心理操纵或心理战术来实现。

（5）心理战术。心理战术是指在战斗中使用心理手段来影响敌方的行为。例如，通过展示实力、制造威慑、施加压力或利用敌方的弱点来影响敌方的决策和行为。

（6）反情报和迷惑。心理战可以利用反情报手段来迷惑敌方情报机构，使其获取到虚假或误导性的情报。这可以干扰敌方的决策过程，使其做出错误的判断和行动。

（7）文化和价值观影响。心理战可以利用文化和价值观的差异来影响敌方的心理状态和行为。通过针对敌方文化和价值观的宣传和操作，心理战可以改变敌方的态度和行动。

1.5.5.4　太空战

太空战，也叫空间战，是指利用天基武器系统，以争夺制天权为目的的作战行动，是以地球的外层空间为战场所进行的攻与防的作战。它既包括作战双方天基武器系统之间的格斗，也包括天基武器系统对地面和空中目标的打击以及从地面对天基系统发动的攻击。其目的就是剥夺对方对太空的使用权。

1.5.5.5　电子战

电子战，也叫电磁战，是利用电磁频谱进行的斗争和对抗。对抗的基本形式是侦察与反侦察、干扰与反干扰、摧毁与反摧毁。目的在于削弱、破坏敌方电子设备的使用效能和保护己方电子设备正常发挥效能。

电子战的攻防包括：

（1）电子攻击：电磁脉冲弹、电力干扰弹。

（2）电子防守：隐蔽频谱、隐蔽电文、干扰掩护。

第 2 章　网络攻防技术

2.1　网络攻防概述

随着互联网的迅猛发展,越来越多的"信息垃圾""邮件炸弹""病毒木马""网络黑客"等威胁着网络的安全,而网络攻击是最重要的威胁来源之一,所以有效防范网络攻击势在必行。

2.1.1　研究网络攻击技术的目的

(1)防御和保护。通过研究网络攻击技术,我们可以更好地了解黑客和攻击者的行为方式和策略,从而能够更好地保护网络和系统免受攻击。只有深入了解攻击技术,才能更好地建立有效的防御机制。

(2)攻击溯源和取证。研究网络攻击技术可以帮助我们了解攻击者的行为模式和手段,从而更好地追踪攻击来源和取证。这对于打击网络犯罪和维护网络安全至关重要。

(3)攻防对抗。网络攻击技术的研究可以帮助我们了解攻击者的思维方式和策略,从而更好地进行防御和对抗。通过了解攻击技术,我们可以预测和识别潜在的攻击方式,并采取相应的防御措施。这种攻防对抗的过程可以促进网络安全技术的发展和创新。

(4)提高安全意识。研究网络攻击技术可以提高人们对网络安全的认识。通过了解攻击技术的原理和方法,人们可以更好地了解网络威胁的严重性,并采取相应的预防措施,以保护自己和组织的信息安全。通过研究网络攻击技术,我们可以发现现有安全技术和政策的漏洞与不足之处。通过了解攻击技术的演变和新兴威胁,我们可以改进现有的安全措施,加强网络防御能力,并制定更加有效的安全政策和法规。

(5)增强应急响应能力。研究网络攻击技术可以帮助我们建立更强大的应急响应机制。通过了解攻击技术的特征和行为模式,我们可以更快地检测和响应网络攻击事件,及时采取措施进行应对和恢复。

总体来说,研究网络攻击技术是为了更好地保护网络和信息安全。通过深入研究攻击技术,我们可以提高防御能力,追踪攻击来源,改进安全技术和政策,增强应急响应能力,提高安全意识,促进网络安全技术的发展和创新。这样可以确保个人、组织和社会在数字化时代能够更安全地使用和依赖网络和信息技术。

常见的网络问题如图 2.1 所示。

图 2.1　常见的网络问题

2.1.2　网络攻防工具的意义

网络攻防工具是指编写出来用于网络攻击和防御方面的工具软件,其功能是执行一些诸如扫描端口、防止黑客程序入侵、监测系统等任务。

这些网络攻防工具,有些是用来防御的,而有些则是以恶意攻击为目的的攻击性软件,常见的有木马程序、病毒程序、炸弹程序等。另外还有一部分软件是为了破解某些软件或系统的密码而编写的,一般也出于非正当的目的。

我们可以通过软件了解网络的攻击手段,掌握防御网络攻击的方法,堵住可能出现的各种漏洞。

2.2　网络攻击技术介绍

攻击系统中常用的攻击技术有网络嗅探、欺骗、会话劫持、拒绝服务攻击(Denial of Service,DoS)、缓冲区溢出、口令探测、社交工程、物理攻击、木马、蠕虫等。

2.2.1　网络嗅探

嗅探器(Sniffer)是一种网络管理工具,它通过捕获网络上传送的数据包来收集敏感数据,这些敏感数据可能是用户的账号和密码。

Sniffer 在形式上可以是硬件产品或作为软件程序运行。

2.2.1.1　以太网监听

在以太网上任意两台主机的所有网络数据包都在总线上进行传送,而总线上的任何一台主机都能够侦听到这些数据包。

将网卡设置为混杂(promiscuous)模式后,该网卡能够接收网络上的所有数据包,不论这些数据包的目的地如何。

攻击者可利用 Sniffer 对以太网上传送的数据包进行侦听,以发现敏感数据,并且可以自动地将符合条件的包存到一个文件中供分析。

在正常情况下,一个合法的网络接口应该只响应两种数据帧:①帧的目标 MAC(介质访问控制)地址等于自己的 MAC 地址的帧。②帧的目标地址为"广播地址"的帧。

如果局域网中某台机器的网络接口处于混杂模式,即网卡可以接收其听到的所有数据包,那么它就可以捕获网络上所有的报文。

在以太网中任何两个主机之间传送的数据包都能被 Sniffer 监听到。通常是攻击者已经进入目标系统,然后在某个主机上运行 Sniffer,这样其就获得了网络中传送的大量数据。

通常 Sniffer 程序只检查一个数据包的前 200～300 个字节数据就能发现诸如口令和用户名之类的敏感信息。

2.2.1.2　Sniffer 的实现

第一部分:创建原始套接字(socket)。

sock＝socket(AF_INET, SOCK_RAW, IPPROTO_IP)

第二部分:将套接字与本地地址建立关联。

char FAR name[MAX_HOSTNAME_LAN];

struct hostent FAR * pHostent;

SOCKADDR_IN sa;

gethostname(name, MAX_HOSTNAME_LAN);　//本机主机名

pHostent＝(struct hostent *)malloc(sizeof(struct hostent));

pHostent＝gethostbyname(name); //根据主机名获取主机描述

sa. sin_family＝AF_INET;

memcpy(&sa. sin_addr. S_un. S_addr, pHostent－>h_addr_list[0], pHostent－>h_length);

bind(sock, (SOCKADDR *)&sa, sizeof(sa));

第三部分:设置原始套接字处于混杂模式,接收所有数据包。

WSAIoctl(sock, SIO_RCVALL, &optval, sizeof(optval), NULL, 0, &dwBytesRet, NULL, NULL);

第四部分:循环接收数据,对感兴趣的数据进行分析。

memset(RecvBuf, 0, sizeof(RecvBuf));

recv(sock, RecvBuf, sizeof(RecvBuf), 0);　//接收数据包

2.2.1.3　嗅探的防范

(1)为防止网络上的数据被嗅探,特别是一些比较敏感的数据如用户账号或口令等,可以使用加密手段。

(2)使用安全拓扑结构。将网络分为不同的网络段,一个网络段仅由互相信任的计算机

组成,网络段上的计算机通过以太网集线器(Hub)连接,各网络段之间通过交换机(switch)相互连接,交换机不会将所有的网络数据包广播到各个网络段。

(3)必须考虑计算机之间的信任关系,拥有信任关系的计算机中任一计算机都可能对其他计算机进行嗅探攻击,因此必须确定最小范围的信任关系。

(4)嗅探往往是攻击者在侵入系统后用来收集有用信息的工具,因此防止系统被突破是关键。系统安全管理员要定期对网络进行安全测试,及时安装系统安全补丁,防止安全隐患。要控制高级权限的用户的数量,许多嗅探攻击往往来自网络内部。

2.2.2 欺骗

网络攻击中的欺骗技术有以下几类:①IP 欺骗,假冒他人的 IP 地址发送信息;②电子邮件欺骗,假冒他人的邮件地址发送信息;③网页(Web)欺骗,假冒网站;④其他欺骗,DNS(域名系统)欺骗、非技术性欺骗。

2.2.2.1 IP 欺骗

(1)IP 欺骗的动机。

1)隐藏自己的 IP 地址,防止被追踪;

2)以 IP 为授权依据;

3)穿越防火墙。

(2)IP 欺骗的形式。

1)单向 IP 欺骗;

2)双向 IP 欺骗;

3)更高级的形式:TCP 会话劫持。

(3)IP 欺骗成功的要诀。

1)IP 数据包路由原则:根据目标地址进行路由;

2)IP 欺骗可以输入任何源地址。

(4)IP 欺骗的步骤。

1)选定目标主机(如 A);

2)确定网络内机器之间的信任关系,找到一个被目标主机信任的主机(如 B);

3)使被信任的主机 B 丧失工作能力(即瘫痪);

4)采样目标主机 A 发出的 TCP 序列号,猜测出它的数据包序列号;

5)伪装成被信任主机 B,与目标主机建立连接;

6)利用该连接在目标主机上放置一个后门,以便侵入(即进行非授权访问)。

(5)单向欺骗。

1)特点。改变自己的 IP 地址。

2)问题。①只能发送数据包;②无法收到回送的数据包;③防火墙可能阻挡。

3)实现手段。①发送 IP 包,包头填写虚假的源 IP 地址;②在 UNIX 平台上,直接用 socket 就可以(需要 root 权限);③在 Windows 平台上,由于不能使用 winsock(网络编程接口),可以使用 winpcap(公共的网络访问系统)等工具。

（6）双向欺骗。

双向欺骗的原理如图2.2所示。

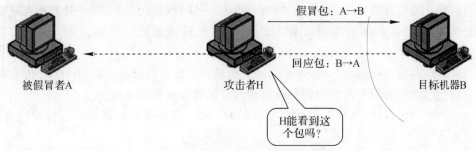

图 2.2 双向欺骗

关键技术：使得 H 和 A 在同一个子网内部，然后使用源路由选项［宽松的源路由选择（Loose Source Routing，LSR）、严格的源路由选择（Strict Source Routing，SRS）］中的宽松源路由选择，就可以使包先通过攻击者 H，再由 H 转发假冒包给被假冒者 A。

（7）如何避免 IP 欺骗。

1）主机保护。保护自己的机器不被用来实施 IP 欺骗，可通过物理防护、保护口令、权限控制等，防止其他人随意修改配置信息，保护自己的机器不成为假冒的对象。

2）网络防护。路由器上设置过滤器（入口，外来包带有内部 IP 地址；出口，内部包带有外部 IP 地址），防止源路由攻击（路由器上禁止这样的包）。

2.2.2.2 电子邮件欺骗

进行电子邮件欺骗的原因如下：

（1）隐藏发件人的身份，例如匿名信。

（2）挑拨离间。

（3）骗取敏感信息。

（4）欺骗的形式：①使用类似的电子邮件地址；②修改邮件客户端软件的账号配置；③直接连到 SMTP（简单邮件传输协议）服务器上发信。

2.2.2.3 网页（Web）欺骗

Web 是建立在应用层上的服务，直接面向网络用户。

（1）Web 欺骗的根源和动机。

1）Web 欺骗的根源。①由于 Internet 的开放性，任何人都可以建立自己的 Web 站点；②Web 站点名字（DNS 域名）可以按先后顺序自由注册；③并不是每个用户都清楚 Web 的运行规则。

2）Web 欺骗的动机。①商业利益，商业竞争；②政治目的。

（2）Web 欺骗的形式。

1）使用相似的域名。例如，注册一个与目标公司或组织相似的域名，然后建立一个欺骗网站，骗取该公司用户的信任，以得到这些用户的信息。

如果客户提供了敏感信息，那么这种欺骗可能会带来更大的危害。流程：用户在假冒的网站上订购了一些商品，然后出示支付信息，假冒的网站把这些信息记录下来并分配一个

cookie(小型文本文件),然后提示"现在网站出现故障,请重试一次"。当用户重试的时候,假冒网站发现这个用户带有cookie,就把它的请求转到真正的网站上。从事商业活动的用户应对这种欺骗提高警惕。域名欺骗的应对措施:①注意观察URL(统一资源定位符)地址栏的变化;②不要信任不可靠的URL信息;③在浏览器地址栏中写下要访问的正确的网址。

2)跨站脚本攻击(Cross-Site Scripting)。跨站脚本攻击是现在流行的一种攻击方式,绝大多数交互网站或者服务提供网站可能存在这种漏洞。

攻击产生的根源:网站提供交互时可使用HTML(超本文标记语言)代码,用户可上传恶意脚本代码。

攻击方式:以一个论坛网站为例,AntiBoard SQL注入及跨站脚本攻击漏洞。作为一款基于PHP(超文本预处理器)的论坛程序,AntiBoard对用户提交的参数缺少充分过滤,远程攻击者可以利用这个漏洞获得敏感信息或更改数据库。

避免遭受跨脚本攻击的应对措施:①网站不允许使用HTML语言;②网站不允许使用脚本程序。

我们从上述欺骗技术可以认识到:①IP协议本身的缺陷;②应用层缺乏有效的安全措施;③在攻击技术里,欺骗技术是比较低级的,技术含量不高,基本上是针对网络上不完全的机制发展起来的。

另外,避免欺骗的最好办法是增强用户的安全意识,尤其是网络管理人员和软件开发人员的安全意识。

2.2.3 会话劫持

(1)欺骗和劫持。

1)欺骗。伪装成合法用户,以获得一定的利益。

2)劫持。积极主动地使一个在线的用户下线,或者冒充这个用户发送消息,以便达到自己的目的。

(2)会话劫持的动机和种类。

1)会话劫持的动机:①嗅探对于一次性密钥并没有用;②认证协议使得口令不在网络上传输。

2)会话劫持的种类:①被动劫持,监听网络流量,发现密码或者其他敏感信息;②主动劫持,找到当前会话并接管过来,迫使一方下线,由劫持者取而代之。攻击者接管了一个合法会话后,可以做更多危害性更大的事情。

(3)会话劫持的过程。

1)发现目标,找到什么样的目标,以及可以有什么样的探查手段,取决于劫持的动机和环境。

2)探查远程机器的ISN(初始序列号)规律,可以使用扫描软件,或者手工发起多个连接。

3)等待或者监听对话,一般在流量高峰期间进行,不容易被发现,而且可以有比较多可供选择的会话。

4)猜测序列号。这是最关键的一步,如果不在一个子网中,难度就非常大。

5)使被劫持者下线。ACK(确认字符)风暴、拒绝服务。

6)接管对话。若在同一子网中,则可以收到响应,否则要猜测服务器的动作。

(4)会话劫持的避免措施。

1)部署共享式网络,用交换机代替集线器。

2)TCP(传输控制协议)会话加密。

3)对防火墙进行合理配置,限制尽可能少量的外部许可连接的 IP 地址。

4)检测 ACK 包的数量是否明显增加。

2.2.4　拒绝服务攻击(Denial of Service,DoS)

拒绝服务攻击指通过某些手段使得目标系统或网络不能提供正常的服务。拒绝服务攻击的一般模型如图 2.3 所示。

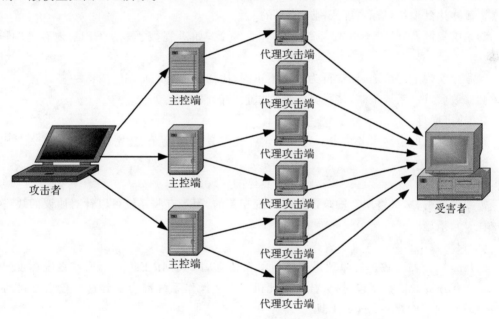

图 2.3　拒绝服务攻击的一般模型

(1)拒绝服务攻击的特点和动机。

1)拒绝服务攻击的特点:①技术原理简单,工具化;②难以防范,有限的拒绝服务攻击可以通过管理的手段防止。

2)拒绝服务攻击的动机:①无法攻入系统的报复;②强行重启对方机器;③恶意破坏或者报复;④网络恐怖主义。

(2)拒绝服务攻击的危害。

1)服务不可用。攻击者通过发送大量请求或占用系统资源,使目标系统超负荷运行,导致服务不可用。这可能会导致用户无法访问网站、应用程序或在线服务,造成业务中断和损失。

2)业务损失。如果一个在线业务依赖于持续的服务提供,拒绝服务攻击就可能导致业务中断,造成直接的经济损失。无法提供服务可能会导致客户流失。

3)社会影响。拒绝服务攻击可能会对整个社会产生影响。例如,如果一个关键的基础设施系统受到攻击,如电力、交通或通信系统受攻击,就可能会导致大范围的社会紊乱和不便。

4)经济影响。拒绝服务攻击对企业和经济体系也可能产生重大影响。如果一个行业中的多个组织受到攻击,整个行业的运作就可能会受到干扰,导致经济损失和市场不稳定。

(3)拒绝服务攻击的分类。拒绝服务攻击可以粗略地分为以下三种形式:

1)消耗有限的物理资源(网络资源、带宽资源;其他衰竭资源,如磁盘空间、进程数)。

2)修改配置信息造成拒绝服务攻击(比如,修改路由器信息,造成不能访问网络;修改NT注册表,关掉某些功能)。

3)物理部件的移除或破坏。

(4)拒绝服务攻击的表现形式。

1)带宽消耗[用足够的资源消耗掉有限的资源;利用网络上的其他资源(恶意利用网络共享资源),达到消耗目标系统或网络的目的]。

2)系统资源消耗,针对操作系统中有限的资源,如进程数、磁盘、CPU、内存、文件句柄等。

3)程序实现上的缺陷,异常行为处理不正确,比如 Ping of Death。

4)修改(篡改)系统策略,使得其不能提供正常的服务。

(5)攻击原理。

1)通用类型的拒绝服务攻击。这类攻击往往与具体系统无关,比如针对协议设计上的缺陷的攻击。

2)系统相关的攻击。这类攻击往往与具体的实现有关。

需要说明的是,最终所有的攻击都是系统相关的,因为有些系统可以针对协议的缺陷提供一些补救措施。

(6)典型攻击。

1)Ping of Death 攻击的原理是直接利用 ping 包,即 ICMP Echo 包,有些系统在收到大量比最大包还要长的数据包时,会挂起或死机。许多操作系统都会受到这种攻击方式的影响(例如著名的 Windows 蓝屏工具)。

攻击做法是直接利用 ping 工具,发送超大的 ping 数据包。可以利用特制的工具,例如,IPHacker。防止措施:定期对操作系统打补丁,或者通过防火墙设置阻止这样的 ping 包。

2)TearDrop 攻击的原理是在 IP 包的分片装配过程中,由于分片重叠,计算过程中出现长度为负值,在执行 memcpy(内存拷贝函数)的时候导致系统崩溃。Linux、Windows NT/95/97 等系统会受影响。攻击方法非常简单,发送一些 IP 分片异常的数据包。防止措施可以采取加入条件判断,对这种异常的包做特殊处理或打补丁等。

(7)防护措施。

1)对于网络。路由器和防火墙配置得当,可以减少受拒绝服务攻击的危险(比如禁止IP欺骗可以避免许多拒绝服务攻击)。

2)对于系统。①升级系统内核,打上必要的补丁,特别是一些简单的 DoS 攻击(例如

SYN Flooding);②关掉不必要的服务和网络组件;③如果有配额功能的话,正确地设置这些配额;④监视系统的运行,避免其降低到基线以下;⑤检测系统配置信息的变化情况。

3)保证物理安全。

4)建立备份和恢复机制。

2.2.5 缓冲区溢出

2.2.5.1 缓冲区的作用——存放数据

缓冲区溢出:要写入的数据量超过有限的缓冲区容量。

缓冲区溢出的后果:

(1)过长的数据块覆盖了相邻区域的内容,引起程序运行失败,甚至导致系统崩溃。

(2)利用这种漏洞,黑客可以执行任意的指令,甚至可以取得系统的高级权限(如 UNIX 的 root 特权)。

根源:C(及其后代 C++)本质上是不安全的,缺乏数组和指针引用的边界检查。

2.2.5.2 缓冲区溢出的原理

基本思想:通过修改某些内存区域,把一段恶意代码存储到一个缓冲区中,并且使这个缓冲区被溢出,导致当前进程被非法利用(执行这段恶意的代码)。

2.2.5.3 缓冲区溢出的危害

(1)在 UNIX 平台上,通过发掘缓冲区溢出,可以获得一个交互式的 Shell。Shell 是操作系统最外面的一层。操作系统与外部最主要的接口就叫作 Shell。Shell 管理用户与操作系统之间的交互,等待用户输入,向操作系统解释用户的输入,并且处理各种各样的操作系统的输出结果。

(2)在 Windows 平台上,可以上传并执行任何的代码。

(3)溢出漏洞发掘起来需要较高的技巧和知识背景,但是,一旦有人编写出溢出代码,用起来则非常简单。

(4)与其他攻击类型相比,缓冲区溢出攻击不需要太多的先决条件,杀伤力很强,技术性强。

(5)在缓冲区溢出攻击面前,防火墙往往显得很无奈。

(6)读取或写入超过缓冲区的末尾时,会导致许多不同行为,并且通常是不可预料的,如:程序的执行很奇怪;程序完全失败;程序可以继续,而且在执行中没有任何明显不同。

(7)存在缓冲区溢出的程序的不确定行为使得对它们的调试非常困难。程序可能正发生缓冲区溢出,但根本没有异常迹象。因此,缓冲区溢出问题在标准测试期间常常是发现不了的。认识缓冲区溢出的重要一点是:在发生溢出时,会潜在地修改碰巧分配在缓冲区附近的任何数据。

2.2.5.4 缓冲区溢出的保护方法

(1)编写正确的代码。编写正确的代码是最根本的解决方法。

最简单的方法就是用 grep 来搜索源代码中容易产生漏洞的库的调用。为了应对这些问题,人们已经开发了一些高级的查错工具,如 fault injection 等。这些工具通过人为随机地产生一些缓冲区溢出来寻找代码的安全漏洞。

（2）非执行的缓冲区。通过使被攻击程序的数据段地址空间不可执行，从而使得攻击者不可能执行被植入被攻击程序输入缓冲区的代码，这种技术被称为非执行的缓冲区技术。事实上，很多老的 UNIX 系统都是这样设计的。但是近年来 UNIX 和 MS Windows 系统为实现更好的性能和功能，往往在数据段中动态地放入可执行的代码。为了保持程序的兼容性不可能使得所有程序的数据段不可执行。我们可以设定堆栈数据段不可执行，这样就可以最大限度地保证程序的兼容性。

（3）数组越界保护。每一次引用一个数组元素的时候，都执行检查。

缺点：效率低，并且用指针也可以引用数组元素。

（4）指针保护。

在指针被引用之前，检测到它的变化。

2.2.5.5　典型的缓冲区溢出介绍

（1）NetMeeting 缓冲区溢出。攻击者的代码可以在客户端执行。恶意的网页作者连接到 NetMeeting 的 SpeedDial 入口，导致 NeetMeeting 停止响应或者挂起。停止响应后，攻击者的代码将在受害者的计算机中执行。

（2）Outlook 缓冲区溢出。Outlook 处理电子邮件的方法有一个漏洞：攻击者发送一个带有畸形头信息的电子邮件，使受害计算机瘫痪或在上面运行任意代码，建立后门，攻击使得邮件头信息里放入过量信息，Outlook 很难被检测到。

（3）Linuxconf 缓冲区溢出。Linuxconf 带有 GUI（图形用户界面）管理员工具，运行在 98 端口，并且允许通过 Web 远程访问，这就意味着程序必须处理头信息来获得需要的信息，在 HTTP 头信息中插入过量的信息，导致计算机缓冲区溢出。因此为了防止 Linuxconf 缓冲区溢出，不允许远程访问 98 端口。

（4）IIS（信息服务）缓冲区溢出。IIS 是 Windows 系统上最不安全的服务。

ISAPI（互联网服务器应用程序接口）提供对管理脚本（.ida 文件）和 Internet 数据（.idq）查询的支持，向 idq.dll 发送一个过量的变量。

GET /null.ida？[buffer]＝XHTTP/1.1

Host：[任意值]

（5）Windows XP UPNP 缓冲区溢出。通用即插即用功能，打开 5000 端口，HTTP 格式。

缓冲区溢出有两种形式：DoS、取得一个系统级 Shell。

（6）SSL‐Too‐Open 缓冲区溢出。这种溢出影响现存大多数未升级的 Linux 系统。

当系统打开 HTTP 服务和 SSL 服务时，通过 SSL 溢出一个和启动 HTTP 服务器账号权限相等的 Shell，此时用户可能使用 root 账号启动 Web 服务，攻击者取得 root 权限或使用其他本地溢出，从而获得最高权限。

2.2.6　口令探测

口令探测是指使用各种方法和技术尝试猜测或破解密码的过程。这种攻击方式通常通过自动化程序或工具尝试使用不同的密码组合，直到找到正确的密码为止。

口令探测可以采用多种方式进行，包括但不限于以下几种：网络监听，暴力破解，在其他攻击得手后得到密码,利用用户的疏忽。

2.2.6.1　网络监听

(1)监听途径。用户登录电子信箱或者其他 Telnet、FTP(文件传输协议)服务。密码通过明文传输,如果黑客在网络上监听,就可以得到用户的密码。

使用监听工具 L0phtcrack 监听 Windows 账户、密码,它可以捕获 Windows 2000 服务器与其低版本客户机之间发送的消息,如果连接一端不支持 Kerberos,认证自动降到 NT-LM,L0phtcrack 可以破解 NTLM 密码。

Windows XP 的远程登录桌面在用户登录时账号和密码用明文传输(现在已经修复这个错误)。

(2)网络监听的对策。

1)使用安全的连接方式:①使用 Secure Shell 来取代 Telnet;②HTTP 的安全连接;③现有一些论文也在讨论其他一些协议安全认证部分的添加。

2)不允许用户使用最高权限账户远程登录系统,UNIX 系统下不能使用 root 账户远程登录,登录后使用 su 命令切换用户,使用 SSL 加密连接可以直接 root 登录。

3)对 L0phtcrack 的防范:使用交换网络;升级系统,使用 Kerberos 认证。

2.2.6.2　暴力破解

暴力破解根据所使用的方式可以分为在线破解和离线破解。

(1)在线破解。在线破解指的是在线登录目标主机,通过程序循环输入密码尝试正确的密码输入。

1)在 Windows 系统上的运作方式。

使用 NAT(NetBIOS Auditing Tool)进行探测,在 NetBIOS 开放 138、139 端口提供 SMB 服务,允许用户远程访问文件系统,Windows 2000 缺少共享所有驱动器的机制,在访问文件系统时需要用户身份验证,NAT 可以猜测用户口令,从而取得目标机器的控制权。其中,NAT 用法:nat [-o filename] [-u userlist] [-p passlist] address。

2)在 Linux 系统上运作的缺点。①一般在 Telnet 三次错误后,系统会断开连接;②在线破解的软件较少;③可能会在日志里留下记录,很容易被探测出来。

(2)离线破解。离线破解指的是取得目标主机的密码文件,然后在本地破解。这种方式的特点是能够得到用户的密码文件,然后在本地破解。

1)在 Windows 系统上的运作方式。用户密码存放在%systemroot%\system32\config\和%systemroot%\repair\中,得到这个文件后可以使用 L0phtcrack 进行本地破解。

2)在 Linux 系统上的运作方式。用户名和密码存储在/etc/passwd 中,所以被很多用户看到该文件,因此为了加强安全性,将密码存储在 etc/shadow 中,只能由 root 存取。

3)缺点。花费时间较长,一般在攻击系统取得一定权限后使用。

暴力破解的主要手段有字典攻击、强行攻击、组合攻击。

(1)字典攻击。字典是一些单词或者字母和数字的组合。

使用字典的好处:比较快速地得到用户密码,只需要在字典中进行查找。

使用字典的前提条件:绝大多数用户选择密码总是有一定规律的(例如姓名、生日、电话号码、身份证号码、学号、英文单词)。

防止字典攻击的方法:使用带有特殊字符的密码,密码不是有规律的英语单词。

(2)强行攻击。使用密码生成器在选定的字母或数字序列里生成所有包含这些字母的口令。密码生成器是指只要用户指定字母、数字以及密码的位数,就能生成字典的工具。

特点:密码较多,所需时间较长。分布式攻击:多台计算机共同运算。这适用于对用户信息不够了解的情况。

对策:使用长的密码,攻击者需要构造出很大的字典,加大了攻击难度;经常更换密码,需要在方便和安全中做出抉择。

(3)组合攻击。综合前两种攻击的优点,即速度较快(字典攻击)、发现所有的口令(强行攻击)。

根据掌握的用户的不同信息,进行口令组合:姓名缩写和生日的组合、在字母组合后面加上一些数字。

三种攻击方式的特点见表2.1。

表2.1 三种攻击方式对比

	字典攻击	强行攻击	组合攻击
攻击速度	快	慢	中等
破解口令数量	所有字典单词	所有口令	以字典为基础的单词

2.2.7 社交工程

社交工程作为黑客最常用的一种攻击手段,能得到使用技术手段不能得到的好处。防火墙和IDS(入侵检测系统)对这种攻击不起作用,而应用想要采取手段也需要高超的人际交往技术。常用方式有电话和电子商务等。

(1)钓鱼邮件。钓鱼邮件是一种常见的社交工程攻击手段,攻击者通过伪装成合法机构或个人的邮件,诱使受害者点击邮件中的链接或下载附件,从而获取受害者的敏感信息,如账号、密码等。为了提高成功率,攻击者通常会利用社会工程学原理,如伪造信任、制造紧急情况等,诱使受害者下意识地相信邮件的真实性。

(2)假冒身份。攻击者可以通过伪造身份,冒充受信任的个人或机构,诱使受害者主动提供敏感信息。常见的手段包括假冒银行客服人员、假冒社交媒体账号等。攻击者会利用社交工程学原理,如建立信任关系、制造紧急情况等,迫使受害者相信自己的身份并提供敏感信息。

(3)通过监听窃取信息。攻击者可以通过窃取电话通信、网络通信等方式来获取受害者的敏感信息。例如,攻击者可以通过监听电话通信来获取银行账号密码、信用卡信息等。另外,攻击者还可以通过网络攻击手段,如中间人攻击、ARP欺骗等,窃取受害者的网络通信数据,获取敏感信息。

(4)社交工程电话。攻击者可以通过电话进行社交工程攻击,诱使受害者提供敏感信息。常见的手段包括冒充银行客服人员、冒充公安人员等。攻击者会利用社交工程学原理,如建立信任关系、制造紧急情况等,迫使受害者主动提供敏感信息。

(5)偷拍和偷录。攻击者可以通过偷拍、偷录等手段获取受害者的敏感信息。例如,攻击者可以利用摄像头窃取受害者的隐私信息,如密码、银行卡号等。另外,攻击者还可以利用录音设备窃取受害者的电话通信内容,获取敏感信息。

(6)社交工程垃圾短信。攻击者可以通过发送垃圾短信来进行社交工程攻击。垃圾短信通常会伪装成各种诱人的信息,如抽奖、优惠活动等,诱使受害者点击链接或拨打电话,从而获取敏感信息。攻击者还可能利用社交工程学原理,如制造紧急情况、建立信任关系等,迫使受害者主动提供敏感信息。

(7)预防措施。

1)了解社交工程攻击的原理和常见方法,认识到任何人都有可能成为攻击的目标。

2)在提供任何敏感信息或者进行任何操作之前,一定要验证对方的身份。可以通过电话、视频通话等方式进行验证。

3)不要随意点击来自未知来源的链接,或者下载未知来源的附件。最好使用安全软件对邮件和链接进行扫描。

4)在社交媒体上,避免公开过多的个人信息,如住址、电话号码、生日等。同时,定期审查和更新隐私设置。

5)在进行敏感操作时,要注意周围的环境,防止被他人窥视。

总体来说,社交工程攻击是一种非常有效的攻击方式,但只要我们保持警惕,增强安全意识,就可以有效地防止这些攻击。

2.2.8 物理攻击

如果你希望一台计算机安全,最好把它锁起来,只要能物理接触到计算机,那么这台计算机就没有任何安全可言,甚至是其他资源,也可能会影响到计算机安全。例如公司的物理结构、组织图标、安全策略告示、内部专用手册、网络组织结构图、软盘、光盘、笔记本、写有口令的提示条、信纸和备忘录以及电脑的电磁辐射等。物理攻击常常与社交工程一同使用。

避免物理攻击的措施如下:

(1)禁止非特权用户接触到网络信息。

(2)机房不是人人都能进入的地方。

(3)对于机密文件和手册,一定要彻底粉碎,使其不可恢复。

(4)不要把口令或者账号、密码记录在其他人可以看到的地方。

(5)笔记本电脑的安全措施:注意笔记本电脑的防盗措施;备份不要留在笔记本上,要保存在安全的地方;旅行中要注意笔记本的安全;办公场所要求任何人离开都要进行笔记本电脑检查。

(6)防止用户修改机器设置:保护出厂默认值设置(Basic Input Output System,BIOS);设置启动顺序为硬盘优先;保护启动设备;对于 Linux 系统,使用手动引导启动(Grand Unified Bootloader,GRUB)并且加密;对于 Windows 系统,设置安全的密码。

2.2.9 木马

木马既是攻击系统得到系统权限的方法,又是攻击得手后留下后门的手段,木马病毒曾是网络上主要的攻击手段,尤其在 Windows 系统下极为流行。

木马程序通常包含外壳程序和内核程序两个部分,内核程序启动后在后台运行,打开端口,开启后门,黑客连接到木马打开的端口,向木马下达命令。

木马是一种 C/S 结构,C/S 结构是指客户端/服务器结构,是一种常用的计算机网络架构模式。在 C/S 结构中,系统被分为两个主要组件:客户端和服务器。

客户端是指用户使用的终端设备,如个人电脑、智能手机、平板电脑等。客户端负责向用户提供界面,接收用户的输入,并将请求发送给服务器。客户端通常运行客户端应用程序,该应用程序可以是一个独立的软件,也可以是通过浏览器访问的 Web 应用程序。

服务器是指一台或多台计算机,负责处理客户端发送的请求,并提供相应的服务或资源。服务器通常运行服务器应用程序,该应用程序可以处理客户端请求、管理数据、执行业务逻辑等。服务器可以是专用的硬件设备,也可以是普通计算机上运行的软件。

(1)避免措施。

1)不要运行不明的 EXE(可执行)程序。

2)使用可升级的反病毒软件。现在一般的反病毒软件都可以查杀木马,但只能针对已经被人们所知道的木马。

3)加强系统管理,注意系统中用户的合理权限和注册表的安全性、堡垒往往是从内部被攻破的。

4)使用防火墙软件,至少确保在木马已经种植成功后无法和黑客进行通信。

(2)发展趋势。木马具有跨平台性,主要针对 Windows 系统而言,木马可以在 Windows 98/Me 下使用,也可以在 Windows NT/2000/XP 下使用。在 Windows 9x 系统中,木马程序很容易隐藏,也很容易控制计算机。但 Windows NT 和 Windows 2000/XP 都具有了权限的概念,这和 Windows 9x 不同,需要木马程序采用更高级的手段,如控制进程等,现在的一些木马程序也的确做到了这点。模块化设计是软件开发的一种潮流,现在的木马程序也有了模块化设计的概念。例如,BO、NetBus、Sub7 等经典木马都有一些优秀的插件问世,这就是一个很好的说明。木马程序在开始运行时可以只有基本的功能,但在控制过程中可以从控制端传送某些复杂模块库到被控制端,达到自我升级的目的。

(3)经典木马程序。灰鸽子是一个功能强大的远程控制类软件,它与同类木马软件不同的是采用了"反弹端口原理"的连接方式,可以在互联网上访问到局域网内通过透明代理上网的电脑,并且可以穿过某些防火墙。灰鸽子分为客户端与服务器端,软件在下载安装后没有服务器端,只有客户端 H_Clien.exe,服务器端要通过配置生成。

蓝色火焰放弃了作为远程监控工具的客户端程序,直接利用现有网络相关的程序(如 Telnet、IE、Netscape、Opera、Flashget、Cuteftp 等)来控制服务器端。这一特点使蓝色火焰这个"没有客户端的木马"逐渐成为许多黑客必备的工具之一。蓝色火焰具有的网络特性可以通过一些代理服务器控制服务端,选择好的控制工具(如 Sterm 或 Cuteftp)便可以实现用 Socket 代理控制,更好地隐蔽了自己的 IP。

冰河是一个国产木马程序,它功能众多,几乎涵盖了所有 Windows 的常用操作,并具有简单、明了的中文使用界面。冰河采用标准的 C/S 结构,包括客户端程序(G_Client.exe)和服务器端程序(G_Server.exe),客户端的图标是一把打开的瑞士军刀,服务器端则看起来是个微不足道的程序,但就是这个程序在计算机上执行以后,该计算机的 7626 号端口就对外开放了。如果在客户端输入其 IP 地址或者主机名,就可完全控制这台计算机了。

现在的木马程序层出不穷,数不胜数,令人防不胜防。我们应注意这方面的信息,做好对木马的防御和清除工作。

2.2.10 蠕虫

蠕虫病毒是一种自我复制的恶意软件,它能够在计算机网络中传播并感染其他主机。与木马病毒不同,蠕虫病毒不需要用户的干预或交互来传播。

蠕虫病毒的工作原理如下:

(1)感染主机。蠕虫病毒首先感染一台计算机,这通常通过利用系统中的漏洞或弱点来实现。一旦感染成功,蠕虫病毒会在主机上运行并开始执行恶意代码。

(2)自我复制。蠕虫病毒会扫描网络中的其他主机,寻找潜在的目标。一旦找到目标,它就会利用网络上的漏洞或弱点,将自身的副本传送到目标主机上。这样,蠕虫病毒就能够在网络中迅速传播,并感染更多的主机。

(3)恶意活动。一旦蠕虫病毒感染了目标主机,它就可以执行各种恶意活动,如破坏数据、占用系统资源、窃取敏感信息等。蠕虫病毒还可以利用感染主机的计算能力来进行分布式攻击,如分布式拒绝服务攻击(DDoS)。

蠕虫病毒的传播速度通常很快,因为它能够自动在网络中寻找新的目标并感染它们。这种自我复制的特性使得蠕虫病毒具有广泛的传播能力,可能对网络和系统造成严重的破坏。

为了保护计算机免受蠕虫病毒的攻击,用户应该及时更新操作系统和应用程序的补丁,使用防病毒软件进行实时保护,并避免打开来自不可信来源的文件和链接。此外,网络管理员应该实施网络安全措施,如防火墙、入侵检测系统等,以减少蠕虫病毒的传播和影响范围。

常见的蠕虫病毒有以下几类。

(1)莫里斯蠕虫(Morris 蠕虫)。Morris 蠕虫也被称为网络蠕虫或 Great Worm,是历史上第一个广泛传播的互联网蠕虫病毒。它于 1988 年由罗伯特 · T. 莫里斯(Robert T. Morris)开发,目的是评估互联网的规模和安全性。

Morris 蠕虫的传播方式是通过利用 UNIX 系统中的多个漏洞来感染主机。一旦感染了一台主机,蠕虫就会尝试在网络上寻找其他易受攻击的主机,并尝试利用漏洞传播自身。这种自我复制的行为导致蠕虫在互联网上迅速传播,感染了数千台计算机。

然而,由于设计上的错误和漏洞,Morris 蠕虫在传播过程中出现了问题。它的复制行为过于积极,导致感染的主机遭受过载,网络流量急剧增加,甚至导致系统崩溃。Morris 蠕虫严重影响了互联网的正常运行。

尽管 Morris 蠕虫的目的是评估互联网的安全性,但它的传播行为被认为是一种恶意攻击,因为它对系统和网络造成了实质性的破坏。罗伯特 · T. 莫里斯后来被定罪,成为首位因计算机犯罪而被判刑的人。

Morris 蠕虫事件引起了人们对网络安全的广泛关注,促使人们加强对互联网和计算机系统的保护。它也成为蠕虫病毒研究和网络安全发展史的重要里程碑之一。

(2)Nimda 蠕虫。Nimda 蠕虫是一种计算机蠕虫,于 2001 年出现并迅速传播。它是以管理员(admin)这个单词反过来拼写而成的,因为它利用了多个漏洞和传播方式,对计算机系统造成了广泛的破坏。

Nimda 蠕虫可以通过多种方式传播,包括通过电子邮件附件、共享文件夹、网络漏洞和浏览器漏洞等。一旦感染了计算机,它就会尝试利用系统中的漏洞,自动复制和传播自己。

漏洞利用:Nimda 蠕虫利用了多个已知的漏洞,包括 IIS(互联网信息服务)Web 服务器的漏洞、Windows 操作系统的漏洞以及一些常见的网络服务漏洞。通过利用这些漏洞,蠕虫可以在未经授权的情况下执行恶意代码,并感染其他系统。

电子邮件传播:Nimda 蠕虫可以通过电子邮件传播自己。它会扫描感染的计算机上的邮件地址,并发送包含恶意附件的电子邮件。一旦接收者打开了附件,蠕虫就会感染他们的计算机,并继续传播。

共享文件夹传播:Nimda 蠕虫还可以通过共享文件夹传播。它会扫描网络上的共享文件夹,并尝试复制自己到这些共享文件夹中。当其他用户访问这些共享文件夹时,他们的计算机也会被感染。

网络漏洞传播:Nimda 蠕虫可以利用网络上的一些常见漏洞来传播自己。它会扫描网络上的其他计算机,并尝试利用这些漏洞来感染它们。这种传播方式可以使蠕虫在网络中快速传播。

浏览器漏洞传播:Nimda 蠕虫还可以利用浏览器的漏洞来传播自己。当用户访问被感染的网站时,蠕虫会利用浏览器的漏洞自动下载并执行恶意代码,从而感染用户的计算机。

解决方法就是定期安装操作系统和应用程序的安全补丁和更新,以修补已知的漏洞。这可以阻止蠕虫利用系统中的漏洞进行感染。

(3)SQL Server 蠕虫。SQL Server 蠕虫是指一种恶意软件,它利用 SQL Server 数据库系统的漏洞来自我复制和传播。这种蠕虫可以在受感染的数据库服务器上执行恶意操作,例如删除、修改或窃取数据。

蠕虫通常利用数据库系统中的安全漏洞,例如弱密码、未修补的软件漏洞或不正确的配置。一旦蠕虫成功入侵一个数据库服务器,它可以利用该服务器上的其他漏洞来传播到其他服务器。

为了保护 SQL Server 数据库免受蠕虫攻击,以下是一些安全措施建议:

1)及时安装补丁。确保 SQL Server 及其相关组件都是最新版本,并及时安装官方发布的安全补丁。

2)强密码策略。使用强密码来保护数据库服务器的登录凭据,并定期更改密码。

3)最小权限原则。将数据库用户的权限限制在最低必要级别,避免给予不必要的权限。

4)防火墙和网络隔离。使用防火墙和网络隔离措施来限制对数据库服务器的访问,并仅允许必要的网络流量。

5)审计和监控。启用 SQL Server 的审计功能,并定期检查日志以发现异常活动。

6)定期备份。定期备份数据库,并将备份文件存储在安全的位置,以便在发生攻击或数据丢失时进行恢复。

请注意,这只是一些基本的安全措施,还有其他更高级的安全措施可以用来保护 SQL Server 数据库免受蠕虫攻击。如果怀疑自己的 SQL Server 数据库受到蠕虫攻击,请立即采取行动,并与安全专家联系以获取进一步的帮助。

2.3　安全防御工具

使用安全防御工具可以帮助我们抵挡网络入侵和攻击,防止信息泄露,并可以根据可疑的信息,来跟踪、查找攻击者。下面就一些经常使用的安全防御工具做出说明。

2.3.1　木马克星

木马克星是一款专门针对国内木马的软件,其界面如图 2.4 所示。该软件是动态监视网络与静态特征字扫描的完美结合,可以查杀 5 021 种国际木马、112 种电子邮件木马,保证查杀冰河类文件、关联木马、QQ 类寄生木马、ICMP 类幽灵木马、网络神偷类反弹木马,并内置木马防火墙,任何黑客试图与本机建立连接,都需要木马克星的确认,不仅可以查杀木马,还可以查黑客。

图 2.4　木马克星界面

2.3.2　Lockdown 2000

Lockdown 2000 是一款功能强大的网络安全工具,其界面如图 2.5 所示。Lockdown 2000 能够清除木马,查杀邮件病毒,防止网络炸弹攻击,还能在线检测所有对本机的访问并进行控制。Lockdown 2000 专业版完全可以胜任本机防火墙的工作。

Lockdown 2000 专业版中总共有 13 个功能模块,包括木马扫描器、端口监视器、共享监视器、连接监视器、进程监视器、网络监视器、网络工具包等,涉及网络安全的方方面面。如果能合理地配置 Lockdown 2000 专业版,并结合其他工具,其功能完全可以胜过一些中小企业级防火墙。

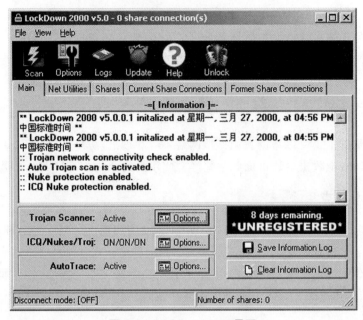

图 2.5　Lockdown 2000 **界面**

2.3.3　Recover4all Professional 2.15

Recover4all Professional 2.15 是 Windows 系统下的一款短小精悍、功能强大的文件反删除工具,可用于恢复被黑客删除的数据,其界面如图 2.6 所示。其原理为,当删除一个文件时,系统并不是到每个簇去清除该文件的内容,而仅仅是把 root 里面文件名的第一个字符换成一个特殊的字符,以标记这个文件被删除。Recover4all Professional 2.15 可以把此过程逆向操作,即可恢复文件。

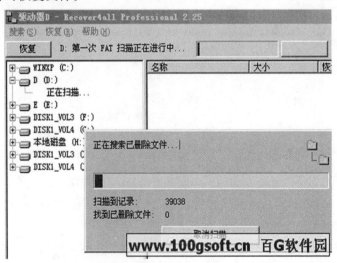

图 2.6　Recover4all Professional 2.15 **界面**

2.3.4　针对 Windows 漏洞的安全扫描工具

（1）MBSA。微软基准安全分析器（Microsoft Baseline Security Analyzer，MBSA），该软件能对 Windows、Office、IIS、SQL Server 等软件进行安全和更新扫描，扫描完成后会用"X"将存在的漏洞标示出来，并提供相应的解决方法来指导用户进行修补。

（2）Updatescan。Updatescan 是一个用于扫描和检查计算机系统中缺少的安全更新的工具。它可以帮助用户确定系统中需要安装的补丁和更新，并提供相应的下载链接。通过运行 Updatescan，系统可以执行以下操作：

1）检查系统更新。Updatescan 会扫描计算机系统，检查操作系统、应用程序和其他组件是否缺少安全更新。

2）列出可用的更新。Updatescan 工具会列出系统中缺少的安全更新，并提供详细信息，例如更新的描述、适用的操作系统版本和下载链接。

3）下载和安装更新。可以使用 Updatescan 提供的下载链接，手动下载所需的更新文件，并按照相应的安装指南进行安装。

Updatescan 是一个示例工具名称，实际上可能有不同的工具和软件可用于执行类似的功能，具体的工具和步骤可能因操作系统和软件版本而异。建议在使用任何工具之前，先查阅相关文档或咨询专业人士，以确保正确使用和安装系统更新。

第3章　入侵者和病毒

3.1　入　侵　者

3.1.1　入侵者和黑客

(1)黑客的定义。黑客,源于英语动词hack,意思为"劈""砍",引申为"干了一件非常漂亮的工作"。对黑客的定义是"喜欢探索软件程序奥秘",并从中增长了个人才干的人。他们不像绝大多数电脑使用者那样,只规矩地了解别人指定了解的狭小部分知识,他们通常具有硬件和软件的高级知识,并有能力通过创新的方法了解系统。黑客能使更多的网络完善和安全化,他们以保护网络为目的,以不正当侵入手段找出网络漏洞,并且做出修复。

(2)骇客的定义。有些黑客逾越尺度,运用自己的知识去做出有损他人权益的事情,就称这种人为骇客(cracker,破坏者)。当然也有一些人兼并于黑客和骇客之间。

从以上定义可以看出,黑客并不是国内媒体所广泛认为的那些所谓偷QQ账号、偷电子邮件、偷游戏账号,或者恶意入侵并破坏网站甚至是个人电脑系统的入侵者。

(3)黑客的分类。目前将黑客分成三类,即破坏者、红客、间谍,三者的不同之处如图3.1所示。

图 3.1　黑客的分类

3.1.2　黑客案例

3.1.2.1　ATM 入侵

大多数自动取款机(ATM)都基于运行着流行操作系统的计算机。在大多数情况下,它们运行 Windows 操作系统,有少部分则使用某些版本的 Linux。此外,ATM 操作系统一般包括 Java 的某些应用,这是全世界已知漏洞最多、最容易入侵的系统之一。更糟糕的是,ATM 通常不打补丁。就算打了补丁,也不是按照每月一次的传统更新周期,而是零零散散地进行。

运行在操作系统最顶层的 ATM 软件本身也包含安全漏洞,其中很多都是存在了几年的老漏洞。ATM 制造商在将 ATM 配送给用户(银行及其他机构)时,可能会使用共享的默认密码,以及常见的远程访问方式。当然,他们会告诉客户更改默认密码,但很少有客户这样做。所有这些情景都只会导致一个后果:装满现金的 ATM 被黑客攻击,不管是使用物理方式还是通过远程管理端口进行。

影响最大、最有趣的 ATM 黑客是巴纳比·杰克,他已经在 2013 年去世。杰克在安全大会上是这么取悦观众的:将一两台常见的 ATM 机放在台上,在几分钟之内让它们开始吐出事先准备好的假币。他使用的技巧多种多样,但其中一个最可靠的方法是在 ATM 的物理 USB(通用串行总线)端口上插入一个装有恶意软件的 USB 存储设备。ATM 的物理端口并不总是存在访问授权保护的(尽管 ATM 制造商会建议客户这样做)。杰克的自制软件会通过远程访问控制台已知的网络端口进行连接,并利用公开、已知的漏洞彻底入侵一台 ATM。最后杰克会输入几条 ATM 管理命令,指示机器吐钱。

3.1.2.2　令人震惊的起搏器

巴纳比·杰克还将他的技术用在了医疗设备上。在他的一次演示中,他能够从远程位置发送未经授权的信息,让心脏起搏器进行足以致死的跳动,或者让自动注射器释放达到致死剂量的胰岛素,均可杀死患者。

大多数医疗设备都经过了 5～10 年的开发、测试、批准认证的流程才能够用于人类患者。不幸的是,这意味着设备装配的软件都有 5 年或 5 年以上没打过补丁了。更糟的是,医疗器械开发商往往通过不公开设备的一部分信息,对患者提供某种人为的保护。这种思想称之为"模糊即安全"(security by obscurity)。

但实际上却事与愿违。许多安全圈内的专业人士都知道入侵医疗设备很容易,很大程度上是因为这些设备都基于硬编码,不能改变默认密码。

当然,医疗设备必须易于使用,也必须保持"不开放"。也就是说,哪怕安全系统已经被突破,它们也必须保持能够继续运作。这使得保护它们的工作非常具有挑战性。冗长、复杂多变的默认密码可能会和易于使用的要求相抵触,因此通常并不会被使用。另外,几乎所有医疗设备间的通信都是未经认证的,也没有经过加密。

因此,任何找到正确通信端口的黑客都可以读取数据并改变它们,而不会导致设备本身、管理软件,如电子病历之类的其他接口系统停止运作。事实上,大多数医疗设备的通信缺乏基本的完整性校验，黑客可以很容易地抓住数据，进行恶意篡改。

针对医疗设备的黑客攻击已经存在了至少十年。白帽子黑客经常在主流的黑客大会上利用医疗设备进行演示，美国食品和药品管理局（FDA）也已经对此发布了漏洞预警。医疗设备开发商正尽力修补那些容易导致入侵的漏洞，但漫长的开发期仍使得他们很难及时解决新出现的问题。

事实上，恶意黑客并不需要很大精力就可以通过入侵医疗设备杀人。这告诉我们，尽快加强对医疗设备的防护是多么重要。

3.1.2.3 信用卡造假

稍显平常一些的黑客入侵是信用卡复制器，这种入侵相对比较简单。黑客在某个设备上部署一个复制器（skimmer），比如在 ATM、加油站付款口，或者支付终端，然后在你使用取款机或刷卡时记录银行卡信息和密码。

信用卡复制器在过去的几年内愈发成熟，它们从看上去容易辨别的设备变成了隐藏得很深的日常物品，即使是专业人士也很难发现。复制器通常被插入装置内部——在看不见的地方。有一些复制器通过无线蓝牙进行连接，使得黑客可以在一小段距离之外进行入侵并获取所有信息，而不必亲自去操作设备。

黑客会用偷来的信息生产假卡，用于诈骗。他们会雇佣许多人从取款机上提取现金或刷卡消费，不管是在销售昂贵商品的商店还是在线购买然后转售或退款获得现金。这种行动非常迅速，通常在几个小时内完成。当信用卡提供商检测到或被通知欺诈行为时，信用卡复制诈骗团伙已经获得利润并逃之夭夭了。

警方对这种作案手段予以还击。他们在找到的信用卡复制装置中安装 GPS（全球定位系统），在犯罪者回收设备后，警方就可以跟踪并抓捕罪犯。但这种手段逐渐被公开后，罪犯可能会更多地采取蓝牙连接与复制器通信，以避免从物理上接触这些设备。

3.1.2.4 射频识别入侵

如果你的信用卡或借记卡支持射频识别（Radio-frequency Identification，RIFD）无线支付功能，比如万事达的 PayPass 或者美国运通的 ExpressPay，它的信息有可能会被一个与你擦身而过的恶意黑客所读取到。任何不经防护的 RIFD 设备都可能被入侵，包括具有 RFID 功能的护照、门禁卡、商品追踪贴等。

RFID 传输几乎没有什么安全性可言。只要利用低功率无线电波给 RFID 传输器充能，它就会开始广播内部存储的信息。而传统的磁条卡更不安全，通过任何磁条读取器都可以获得上面的信息，这种装置只需要几十块钱，在网上可以轻易买到。两者的区别在于，RFID 读取器可以完全不接触卡片就读取到上面的信息。

只要走到恶意的 RFID 读取器周围 1 m 以内，系统就会被入侵。随着时间发展，这个入侵半径还会增加；有些 RFID 入侵专家预测，入侵半径在 5 年之内就会扩大到数十米远，这使得恶意的黑客只需要把设备部署在繁忙的城市交通枢纽或建筑物入口，每小时就可以获取数千份受害者卡的信息了。

幸运的是，RFID 入侵目前多数还只存在于白帽子黑客的演示之中。安全专家估计，随着内置芯片的卡片越来越多地被运用,RFID 入侵有可能会在黑客得以提升无线入侵半径之前消失。

如果担心银行卡、交通卡、门禁或身份证的信息被读取,可以购买保护套屏蔽读卡器,国内已经有安全厂商生产这种保护套,如 360 无线安全团队推出的 SecRFID。

3.1.2.5 恶意 USB 攻击

2022 年夏天,安全研究人员披露了如何通过恶意配置的 USB 设备侵入电脑,而全球大约一半的计算机设备都存在这种问题。只要给没有防备的电脑插上 U 盘,它就会自动执行任何预设好的指令,绕过任何配置好的安全控制措施、防火墙,或杀毒软件。

除非从物理上破坏 USB 接口,或阻止任何未授权的物理访问,否则没有办法防止这种入侵。更糟的是,也没有办法知道插在电脑上的 U 盘是否包含这种 BadUSB 病毒,也没办法知道病毒的来源。这种入侵被其"公开"发现者称为"BadUSB",之所以称之为"公开",是因为目前还没有人知道 NSA(美国国家安全局)和其他国家是否已经在之前"私下"发现了这个漏洞。

3.1.2.6 震网

震网(Stuxnet)是世界上先进的网络战争武器。它是有史以来最高级且没有漏洞的恶意软件程序,尽管它也是通过 USB 传播,但并没有用到 BadUSB 漏洞。它的传播依靠早已广为人知的 U 盘启动方式,外加三种零日攻击。

震网在 2010 年 6 月被公之于众,它更新了大众对网络战争的认知,人们开始意识到病毒也会带来物理破坏。

几家安全公司曾经研究过震网的源代码,并认为该软件应当是多团队协作开发的产品,每个团队可能由几十人组成,总共编写时间至少在一年以上。在人们发现震网之后,还有其他几个高级病毒蠕虫先后被发现,比如火焰。但震网几乎奠定了未来网络战争的基础,一场数字空间的战争已经悄然打响。

当普通人在遇到那些被人为篡改过的路牌时,可能会一笑了之。入侵电子路牌无疑是非法的,会带来严重的安全问题。

有些电子路牌入侵者就是交通运输部门的内部人员或者是负责建设的企业员工,他们的工作就是为这些路牌进行编程。但事实情况是,这些路牌的说明书在互联网上很容易找到。它们通常使用类似"Password""Guest""Public""DOTS"这样的简单默认密码。黑客只需要找到他们想要下手的路牌型号然后下载说明书即可。

对大多数路牌而言,都需要在上锁的控制台前进行操作才能接入,可这些控制台通常并没有上锁。一旦黑客从物理上接入,他们就会使用键盘控制台,利用默认密码或猜测的密码登录。除此之外,他们还可以通过同时按下几个按键重启路牌,包括将路牌重置到内置密码的方式进行。即使是那些需要同时输入管理员名和密码的路牌,通常也不需要获得管理员权限即可对显示的内容进行更改。管理员权限通常是为了进行更换电源、风扇,以及其他设备设置准备的。

3.1.2.7 来自 NSA 的订单

任何稍微了解斯诺登事件的人都应该知道,NSA 有一个"订单薄"(order book),专门用来订购外包入侵行动以及高级黑客设备。这本订单薄几乎就是极端黑客活动的代名词。

其中的一种高级入侵方法被称为量子注入（Quantum Insert），它是一种 NSA 和一些主权国家都可以方便购买的注入工具包,可以偷偷地将用户对一个网站的访问重定向,而如果访问者被重定向到的网站伪装得足够好,他们甚至不会发现自己已经被欺骗了。部署像是 HTTPS 这样的加密策略可以阻止数据包注入攻击,然而访问大多数网站都不需要加密,在它是可选项的时候,多数用户也不会启用。这种攻击方式从 2005 年就开始为黑客所用了。

以下是 NSA 特工可以订购的东西:

(1)恶意版显示器连接线,它会监控并反馈电脑与显示器之间传输的数据 BIOS 和其他硬件入侵,可以让恶意软件在被格式化、操作系统重装,甚至是安装新硬盘的情况下依然存活。

(2)"魔鬼鱼"(Stingray)设备,这是一种假冒的手机信号塔,可以将受害者的通话重定向,进行监控。

植入在硬盘固件中的恶意软件,对防火墙免疫的恶意软件、软件、硬件,如窃听装置:802.11 网络注入工具——安装在键盘连接线上的监控装置。

在看过了 NSA 能够订购的东西之后,我们应当很清楚,NSA 以及其他国家能够监控任何他们想要监控的设备。很多这类设备和软件程序都是由私人公司开发的,而且可以被提供给任何愿意付钱的客户。

3.1.2.8　密码破解

盖瑞·肯沃斯从事密码学研究,他致力于破解各种计算设备上的密钥。他可以远程监控设备的无线电频段和电磁辐射量,然后告诉你这台机器上存储的密钥的二进制形式。他在全球的公开和私下场合里做了很多这样的演示。他仅仅通过监测设备的电磁波动就能猜出其密钥。

肯沃斯最近开始针对一些我们通常认为安全的特定设备进行研究,这令密码学圈子感到震惊。可以肯定的是,肯沃斯和他的公司从防御这种攻击中获利,但攻击本身是真实的,这意味着那些没有部署肯沃斯开发的安全措施的设备处于风险之中。

3.1.2.9　入侵汽车

汽车制造商正争先恐后地在他们的汽车里塞进更多的计算功能,但毫不令人吃惊的是,这些计算设备一样很容易遭到入侵。早期的黑客就已经使用无线车锁打开车门,或者在车主发出锁车信号的时候阻断信号。

查理·米勒博士的早期工作是入侵苹果设备,他获得过多项 Pwn2Own 黑客比赛大奖,是最好的汽车黑客之一。在 2013 年,他和同事克里斯·瓦拉赛克演示了如何通过物理方式接入汽车的电子控制单元和车载总线系统接口,控制 2010 年款丰田普瑞斯和福特翼虎。幸运的是,那时的入侵还不能通过无线网络或远程通信实现。

米勒和瓦拉赛克研究了 24 种车型遭到无线入侵的可能性,排名靠前的分别是凯迪拉克凯雷德、吉普切诺基和英菲尼迪 Q50。他们发表的文章称,有一些汽车的车载电台被连接到了关键控制系统上,而其余的则很容易被改造成这样。美国参议院在一份报告的结论中称,当今生产的每一辆车都有可能被入侵。

3.1.3　黑客攻击五步曲

一次成功的攻击,都可以归纳成五个基本的步骤,根据实际情况可以随时调整。归纳起来就是:①隐藏 IP;②踩点扫描;③获得系统或管理员权限;④种植后门;⑤在网络中隐身。

3.1.3.1　隐藏 IP

通常有两种方法实现 IP 的隐藏,第一种方法是首先入侵互联网上的一台电脑(俗称"肉鸡"),利用这台电脑进行攻击,这样即使被发现了,也是"肉鸡"的 IP 地址。第二种方法是做多级跳板"Sock 代理",这样在入侵的电脑上留下的是代理计算机的 IP 地址。比如攻击 A 国的站点,一般选择离 A 国很远的 B 国计算机作为"肉鸡"或者"代理",这样跨国度的攻击,一般很难被侦破。

3.1.3.2　踩点扫描

踩点就是通过各种途径对所要攻击的目标进行多方面的了解(包括任何可得到的蛛丝马迹,但要确保信息的准确),确定攻击的时间和地点。

常见的踩点方法包括:①对域名及其注册机构的查询;②对公司性质的了解;③对主页进行分析;④对邮件地址的搜集;⑤对目标 IP 地址范围的查询。

扫描的目的是利用各种工具在攻击目标的 IP 地址或地址段的主机上寻找漏洞。扫描采取模拟攻击的形式对目标可能存在的已知安全漏洞逐项进行检查,目标可以是工作站、服务器、交换机、路由器和数据库应用等。根据扫描结果向扫描者或管理员提供周密可靠的分析报告。

扫描一般分成两种策略,一种是主动式策略,另一种是被动式策略。

(1)被动式策略。被动式策略就是基于主机,对系统中不合适的设置、脆弱的口令以及其他同安全规则抵触的对象进行检查。

(2)主动式策略。主动式策略是基于网络的,它通过执行一些脚本文件模拟对系统进行攻击的行为并记录系统的反应,从而发现其中的漏洞。主动式策略一般可以分成:①活动主机探测;②ICMP 查询;③网络 PING 扫描;④端口扫描;⑤标识 UDP 和 TCP 服务;⑥指定漏洞扫描;⑦综合扫描。

扫描方式可以分成两大类:慢速扫描和乱序扫描。

1)慢速扫描。对非连续端口进行扫描,且源地址不一致、时间间隔长、没有规律的扫描。

2)乱序扫描。对连续的端口进行扫描,且源地址一致、时间间隔短的扫描。

3.1.3.3　获得系统或管理员权限

得到管理员权限的目的是连接到远程计算机,对其进行控制,达到攻击目的。获得系统及管理员权限的方法有:①通过系统漏洞获得系统权限;②通过管理漏洞获得管理员权限;③通过软件漏洞得到系统权限;④通过监听获得敏感信息进一步获得相应权限;⑤通过弱口令获得远程管理员的用户密码;⑥通过穷举法获得远程管理员的用户密码;⑦通过攻破与目标机有信任关系的另一台机器进而得到目标机的控制权;⑧通过欺骗获得权限以及其他方法。

3.1.3.4 种植后门

恶意黑客为了保持对自己胜利果实的长期访问权,在已经攻破的计算机上种植一些供自己访问的后门。

3.1.3.5 在网络中隐身

一次成功入侵之后,一般在对方的计算机上已经存储了相关的登录日志,这样就容易被管理员发现。因此在入侵完毕后通常会清除登录日志以及其他相关的日志。

3.1.4 攻击和安全的关系

黑客攻击和网络安全是紧密联系在一起的,研究网络安全不研究黑客攻击技术就是纸上谈兵,研究攻击技术不研究网络安全就是闭门造车。

从某种意义上说,没有攻击就没有安全,系统管理员可以利用常见的攻击手段对系统进行检测,并对相关的漏洞采取措施。

网络攻击有善意也有恶意,善意的攻击可以帮助系统管理员检查系统漏洞,恶意的攻击包括:为了私人恩怨而攻击、为商业或个人目的获得秘密资料、民族仇恨、利用对方的系统资源满足自己的需求、寻求刺激以及一些无目的攻击。

3.2 病 毒

3.2.1 计算机病毒的定义

计算机病毒(computer virus)在《中华人民共和国计算机信息系统安全保护条例》中被明确定义,指"编制或者在计算机程序中插入的破坏计算机功能或者破坏数据,影响计算机使用并且能够自我复制的一组计算机指令或者程序代码"。而在一般教科书及通用资料中计算机病毒被定义为:利用计算机软件与硬件的缺陷,破坏计算机数据并影响计算机正常工作的一组指令集或程序代码。计算机病毒最早出现在 20 世纪 70 年代 David Gerrold 科幻小说 *When H. A. R. L. I. E. was One*,最早的科学定义出现在 1983 年:南加大 Fred Cohen 的博士论文《计算机病毒实验》,"一种能把自己(或经演变)注入其他程序的计算机程序"。

3.2.2 计算机病毒的长期性

病毒(本书中的"病毒"指计算机病毒)往往会利用计算机操作系统的弱点进行传播,提高系统的安全性是防病毒的一个重要方面,但完美的系统是不存在的,过于强调提高系统的安全性将使系统多数时间用于病毒检查,失去了可用性、实用性和易用性。另外,信息保密的要求让人们在泄密和抓住病毒之间无法选择。病毒与反病毒将作为一种技术对抗长期存在,两种技术都将随计算机技术的发展而得到长期的发展。

3.2.3　计算机病毒的产生

病毒不是源自突发或偶然的原因。一次突发的停电和偶然的错误,会在计算机的磁盘和内存中产生一些乱码和随机指令,但这些代码是无序和混乱的。病毒则是一种比较完美的、精巧严谨的代码,按照严格的秩序组织,与所在的系统网络环境相适应和配合。病毒不会通过偶然形成,并且需要有一定的长度,这个基本的长度从概率上来讲是不可能通过随机代码产生的。现在流行的病毒是人为故意编写的,多数病毒可以找到作者和产地信息。从大量的统计分析来看,病毒作者主要情况和目的是:一些天才程序员为了表现自己和证明自己的能力,出于对上司的不满,为了好奇,为了报复,为了祝贺和求爱,为了得到控制口令,为了软件拿不到报酬预留的陷阱等。当然也有因政治、军事、宗教、民族、专利等方面的需求而专门编写的,其中也包括一些病毒研究机构和黑客的测试病毒。

3.2.4　计算机病毒的特点

计算机病毒具有以下几个特点:

(1)寄生性。计算机病毒寄生在其他程序之中,当执行这个程序时,病毒就起破坏作用,而在未启动这个程序之前,它是不易被人发觉的。

(2)传染性。计算机病毒不但本身具有破坏性,更有害的是具有传染性,一旦病毒被复制或产生变种,其速度之快令人难以预防。传染性是病毒的基本特征。在生物界,病毒通过传染从一个生物体扩散到另一个生物体。在适当的条件下,它可得到大量繁殖,并使被感染的生物体表现出病症甚至死亡。同样,计算机病毒也会通过各种渠道从已被感染的计算机扩散到未被感染的计算机,在某些情况下造成被感染的计算机工作失常甚至瘫痪。与生物病毒不同的是,计算机病毒是一段人为编制的计算机程序代码,这段程序代码一旦进入计算机并得以执行,它就会搜寻其他符合其传染条件的程序或存储介质,确定目标后再将自身代码插入其中,达到自我繁殖的目的。只要一台计算机染毒,如不及时处理,那么病毒会在这台机子上迅速扩散,其中的大量文件(一般是可执行文件)会被感染。而被感染的文件又成了新的传染源,再与其他机器进行数据交换或通过网络接触,病毒会继续进行传染。正常的计算机程序一般是不会将自身的代码强行连接到其他程序之上的。而病毒却能使自身的代码强行传染到一切符合其传染条件的未受到传染的程序之上。计算机病毒可通过各种可能的渠道,如软盘、计算机网络去传染其他计算机。当在一台机器上发现了病毒时,往往曾在这台计算机上用过的软盘也会感染上病毒,而与这台机器相联网的其他计算机也可能已被该病毒感染。是否具有传染性是判别一个程序是否为计算机病毒的最重要条件。病毒程序通过修改磁盘扇区信息或文件内容并把自身嵌入其中的方法达到病毒的传染和扩散。被嵌入的程序叫作宿主程序。

(3)潜伏性。有些病毒像定时炸弹一样,让它什么时间发作是预先设计好的。比如黑色星期五病毒,不到预定时间一点都觉察不出来,等到条件具备的时候一下子就爆炸开来,对系统进行破坏。一个编制精巧的计算机病毒程序,进入系统之后一般不会马上发作,可以在几周或者几个月内甚至几年内隐藏在合法文件中,对其他系统进行传染,而不被人发现。潜伏性愈好,其在系统中的存在时间就会愈长,病毒的传染范围就会愈大。潜伏性的第一种表现:病毒程序不用专用检测程序是检查不出来的,因此病毒可以静静地躲在磁盘或磁带里待上几天,甚至几年,一旦时机成熟,得到运行机会,就又要四处繁殖、扩散,继续为害。潜伏性的第二种表现:计算机病毒的内部往往有一种触发机制,不满足触发条件时,计算机病毒除了传染外不做什么破坏。触发条件一旦得到满足,有的在屏幕上显示信息、图形或特殊标识,有的则执行破坏系统的操作,如格式化磁盘、删除磁盘文件、对数据文件做加密、封锁键盘以及使系统死锁等。

(4)隐蔽性。计算机病毒具有很强的隐蔽性,有的可以通过病毒软件检查出来,有的根本就查不出来,有的时隐时现、变化无常,这类病毒处理起来通常很困难。

(5)破坏性。计算机中毒后,可能会导致正常的程序无法运行,把计算机内的文件删除或对其产生不同程度的损坏。通常表现为增、删、改、移。

(6)可触发性。病毒因某个事件或数值的出现,诱使病毒实施感染或进行攻击的特性称为可触发性。为了隐蔽自己,病毒必须潜伏,少做动作。如果完全不动,一直潜伏的话,病毒既不能感染也不能进行破坏,便失去了杀伤力。病毒既要隐蔽又要维持杀伤力,它必须具有可触发性。病毒的触发机制就是用来控制感染和破坏动作的频率的。病毒具有预定的触发条件,这些条件可能是时间、日期、文件类型或某些特定数据等。病毒运行时,触发机制检查预定条件是否满足:如果满足,启动感染或破坏动作,就使病毒进行感染或攻击;如果不满足,就使病毒继续潜伏。

3.2.5 计算机病毒的分类

根据多年对计算机病毒的研究,按照科学的、系统的、严密的方法,对计算机病毒可进行如下分类。

3.2.5.1 按照计算机病毒存在的媒体分类

根据病毒存在的媒体,病毒可以划分为网络病毒、文件病毒和引导型病毒。网络病毒通过计算机网络传播感染网络中的可执行文件,文件病毒感染计算机中的文件(如 COM、EXE、DOC 等),引导型病毒感染启动扇区(Boot)和硬盘的系统引导扇区(MBR)。还有这三种情况的混合型,例如:多型病毒(文件和引导型)感染文件和引导扇区两种目标,这样的病毒通常都具有复杂的算法,它们使用非常规的办法侵入系统,同时使用了加密和变形算法。

3.2.5.2 按照计算机病毒传染的方法分类

根据病毒传染的方法可将病毒分为驻留型病毒和非驻留型病毒。驻留型病毒感染计算机后,把自身的内存驻留部分放在内存(RAM)中,这一部分程序挂接系统调用并合并到操作系统中去,它处于激活状态,一直到关机或重新启动。非驻留型病毒在得到机会激活时并不感染计算机内存,一些病毒在内存中留有小部分,但是并不通过这一部分进行传染。

3.2.5.3 根据计算机病毒的破坏能力分类

(1)无害型。这类病毒除了传染时减少磁盘的可用空间外,对系统没有其他影响。

(2)无危险型。这类病毒仅仅是减少内存、显示图像、发出声音及同类音响。

(3)危险型。这类病毒在计算机系统操作中会造成严重的危害。

(4)常危险型。这类病毒删除程序、破坏数据、清除系统内存区和操作系统中重要的信息。这些病毒对系统造成的危害并不是本身的算法中存在危险的调用,而是当它们传染时会引起无法预料的和灾难性的破坏。由病毒引起其他的程序产生的错误也会破坏文件和扇区,这些病毒也按照自身引起的破坏能力划分。一些现在的无害型病毒也可能会对新版的DOS、Windows 和其他操作系统造成破坏。例如:在早期的病毒中,有一个"Denzuk"病毒在360 K 磁盘上不会造成任何破坏,但是在后来的高密度软盘上却能引起大量的数据丢失。

3.2.5.4 根据病毒特有的算法分类

(1)伴随型病毒。这一类病毒并不改变文件本身,它们根据算法产生 EXE 文件的伴随体,具有同样的名字和不同的扩展名(COM),例如 XCOPY. EXE 的伴随体是 XCOPY.COM。病毒把自身写入 COM 文件并不改变 EXE 文件,当 DOS 加载文件时,伴随体优先被执行,再由伴随体加载执行原来的 EXE 文件。

(2)"蠕虫"型病毒。通过计算机网络传播,不改变文件和资料信息,利用网络从一台机器的内存传播到其他机器的内存,计算网络地址,将自身的病毒通过网络发送。有时它们在系统存在,一般除了内存不占用其他资源。

(3)寄生型病毒。除了伴随和"蠕虫"型,其他病毒均可称为寄生型病毒,它们依附在系统的引导扇区或文件中,通过系统的功能进行传播。

3.2.6 计算机病毒的发展

在病毒的发展史上,病毒的出现是有规律的,一般情况下一种新的病毒技术出现后,病毒迅速发展,接着反病毒技术的发展会抑制其发展。操作系统升级后,病毒也会调整为新的方式,产生新的病毒技术。计算机病毒的发展历程可划分为以下几个阶段:

(1)DOS 引导阶段。1987 年,计算机病毒主要是引导型病毒,具有代表性的是"小球"和"石头"病毒。当时的计算机硬件较少,功能简单,一般需要通过软盘启动后使用。引导型病毒利用软盘的启动原理工作,它们修改系统启动扇区,在计算机启动时首先取得控制权,减少系统内存,修改磁盘读写中断,影响系统工作效率,在系统存取磁盘时进行传播。1989年,引导型病毒发展为可以感染硬盘,典型的代表有"石头 2"。

(2)DOS 可执行阶段。可执行文件型病毒出现,它们利用 DOS 系统加载执行文件的机制工作,代表为"耶路撒冷""星期天"病毒,病毒代码在系统执行文件时取得控制权,修改

DOS 中断,在系统调用时进行传染,并将自己附加在可执行文件中,使文件长度增加。1990 年,发展为复合型病毒,可感染 COM 和 EXE 文件。

(3)伴随、批次型阶段。伴随型病毒出现,它们利用 DOS 加载文件的优先顺序进行工作,具有代表性的是"金蝉"病毒。它感染文件时,改原来的 COM 文件为同名的 EXE 文件,再产生一个原名的伴随体,文件扩展名为 COM。这样,在 DOS 加载文件时,病毒就取得控制权。这类病毒的特点是不改变原来的文件内容、日期及属性,解除病毒时只要将其伴随体删除即可。在非 DOS 操作系统中,一些伴随型病毒利用操作系统的描述语言进行工作,具有典型代表的是"海盗旗"病毒,它在执行时,询问用户名称和口令,然后返回一个出错信息,将自身删除。批次型病毒是工作在 DOS 下的和"海盗旗"病毒类似的一类病毒。

(4)幽灵、多形阶段。随着汇编语言的发展,同一功能可以用不同的方式进行完成,这些方式的组合使一段看似随机的代码产生相同的运算结果。幽灵病毒就是利用这个特点,每感染一次就产生不同的代码。例如"一半"病毒就是产生一段有上亿种可能的解码运算程序,病毒体被隐藏在解码前的数据中,查解这类病毒就必须对这段数据进行解码,加大了查毒的难度。多形病毒是一种综合性病毒,它既能感染引导区又能感染程序区,多数具有解码算法,一种病毒往往要两段以上的子程序方能解除。

(5)生成器、变体机阶段。在汇编语言中,一些数据的运算放在不同的通用寄存器中,可运算出同样的结果,随机地插入一些空操作和无关指令,也不影响运算的结果。这样,一段解码算法就可以由生成器生成。当生成器的生成结果为病毒时,就产生了这种复杂的"病毒生成器",而变体机就是增加解码复杂程度的指令生成机制。这一阶段的典型代表是"病毒制造机" VCL,它可以在瞬间制造出成千上万种不同的病毒。查解时就不能使用传统的特征识别法,需要在宏观上分析指令,解码后查解病毒。

(6)网络、蠕虫阶段。随着网络的普及,病毒开始利用网络进行传播,它们只是以上几代病毒的改进。在非 DOS 操作系统中,"蠕虫"是典型的代表,它不占用除内存以外的任何资源,不修改磁盘文件,利用网络功能搜索网络地址,将自身向下方的地址进行传播,有时也在网络服务器和启动文件中存在。

(7)视窗阶段。随着 Windows 和 Windows 95 的日益普及,利用 Windows 进行工作的病毒开始发展。它们修改(NE、PE)文件,典型的代表是 DS. 3873。这类病毒的机制更为复杂,它们利用保护模式和 API 调用接口工作,解除方法也比较复杂。宏病毒阶段:1996 年,随着 Windows Word 功能的增强,使用 Word 宏语言也可以编制病毒,这种病毒使用类 Basic 语言,编写容易,感染 Word 文档等文件,在 Excel 和 AmiPro 出现的相同工作机制的病毒也归为此类。由于 Word 文档格式没有公开,这类病毒查解比较困难。

(8)互联网阶段。随着因特网的发展,各种病毒也开始利用因特网进行传播,一些携带病毒的数据包和邮件越来越多,如果不小心打开了这些邮件,机器就有可能中毒。

(9)爪哇(Java)、邮件炸弹阶段。随着万维网(Web)上 Java 的普及,利用 Java 语言进行传播和资料获取的病毒开始出现,典型代表是 JavaSnake 病毒,还有一些利用邮件服务器进行传播和破坏的病毒,例如 Mail‒Bomb 病毒,它会严重影响网络的效率。

3.2.7　其他破坏行为

计算机病毒的破坏行为体现了病毒的杀伤能力。病毒破坏行为的激烈程度取决于病毒作者的主观愿望及其所具有的技术能力。数以万计不断发展扩张的病毒,其破坏行为千奇百怪,不可能穷举其破坏行为,而且难以做全面的描述。

根据现有的病毒资料可以把病毒的破坏目标和攻击部位归纳如下:

(1)攻击系统数据区。攻击部位包括硬盘主引导扇区、Boot 扇区、FAT 表、文件目录等。一般来说,攻击系统数据区的病毒是恶性病毒,受损的数据不易恢复。

(2)攻击文件。病毒对文件的攻击方式很多,可列举如下:删除、改名、替换内容、丢失部分程序代码、内容颠倒、写入时间空白、变碎片、假冒文件、丢失文件簇、丢失数据文件等。

(3)攻击内存。内存是计算机的重要资源,也是病毒攻击的主要目标之一,病毒额外地占用和消耗系统的内存资源,可以导致一些较大的程序难以运行。病毒攻击内存的方式如下:占用大量内存、改变内存总量、禁止分配内存、蚕食内存等。

(4)干扰系统运行。此类型病毒会干扰系统的正常运行,以此作为自己的破坏行为,此类行为也是花样繁多,列举如下:不执行命令、干扰内部命令的执行、虚假报警、使文件打不开、使内部栈溢出、占用特殊数据区、时钟倒转、重启动、死机、强制游戏、扰乱串行口、扰乱并行口等。速度下降,病毒激活时,其内部的时间延迟程序启动,在时钟中纳入了时间的循环计数,迫使计算机空转,计算机速度明显下降。

(5)攻击磁盘。攻击磁盘数据、不写盘、写操作变读操作、写盘时丢字节、扰乱屏幕显示等。病毒扰乱屏幕显示的方式很多,可列举如下:字符跌落、环绕、倒置、显示前一屏、光标下跌、滚屏、抖动、乱写、吃字符等。

(6)键盘病毒,干扰键盘操作,已发现有下述方式:响铃、封锁键盘、换字、抹掉缓存区字符、重复、输入紊乱等。喇叭病毒,许多病毒运行时,会使计算机的喇叭发出响声。有的病毒作者通过喇叭发出种种声音,如演奏旋律优美的世界名曲,在高雅的曲调中窃取用户的敏感信息。已发现的喇叭发声有以下方式:乐曲、警笛声、炸弹噪声、鸣叫、咔咔声、嘀嗒声等。

(7)攻击 CMOS ,在机器的 CMOS 区中,保存着系统的重要数据,例如系统时钟、磁盘类型、内存容量等,并具有校验和。有的病毒激活时,能够对 CMOS 区进行写入动作,破坏系统 CMOS 中的数据。有的病毒能干扰打印机,典型现象为假报警、间断性打印、更换字符等。

3.2.8　用户计算机中毒的 24 种症状

(1)计算机系统运行速度减慢。

(2)计算机系统经常无故发生死机。

（3）计算机系统中的文件长度发生变化。

（4）计算机存储的容量异常减少。

（5）系统引导速度减慢。

（6）丢失文件或文件损坏。

（7）计算机屏幕上出现异常显示。

（8）计算机系统的蜂鸣器出现异常声响。

（9）磁盘卷标发生变化。

（10）系统不识别硬盘。

（11）对存储系统异常访问。

（12）键盘输入异常。

（13）文件的日期、时间、属性等发生变化。

（14）文件无法正确读取、复制或打开。

（15）命令执行出现错误。

（16）虚假报警。

（17）换当前盘。有些病毒会将当前盘切换到 C 盘。

（18）时钟倒转。有些病毒会命名系统时间倒转，逆向计时。

（19）Windows 操作系统无故频繁出现错误。

（20）系统异常重新启动。

（21）一些外部设备工作异常。

（22）异常要求用户输入密码。

（23）Word 或 Excel 提示执行"宏"。

（24）不应驻留内存的程序驻留内存。

3.2.9　2022 年度全国病毒疫情汇总及趋势分析

为把握我国信息网络安全和计算机病毒疫情现状与进展变化趋势，宣传、普及信息网络安全知识，提高用户网络安全防范意识，2022 年 4 月，由公安部主办了我国首次计算机病毒疫情网上调查工作，每次调查活动，国家计算机病毒应急处理中心和计算机病毒防治产品检验中心以及国内外各病毒防治产品生产厂家和计算机用户都积极参与。

调查活动重点调查我国互联网接入效劳单位、互联网数据中心、大型互联网站、重点联网单位、计算机用户 2022 年以来发生的网络安全大事状况以及感染计算机病毒状况。

2022 年，全球的计算机网络安全状况连续保持较为平稳的态势，没有大规模网络拥塞和系统瘫痪大事。我国网络安全态势也保持 2021 年的趋势，网上制作、贩卖病毒、木马的活动日益猖獗，利用病毒、木马技术的网上侵财活动呈快速上升趋势，这些状况说明我国网上治安形势严峻。

3.2.9.1　我国计算机用户病毒感染状况

截至 2022 年,我国计算机病毒感染率为 70.51%,较 2021 年有所下降,但仍旧维持在比较高的水平,其中屡次感染病毒的比率为 42.71%。2022 年计算机病毒感染率及病毒重复感染状况如图 3.2 所示。2022 年 5 月至 2022 年 8 月以来,全国没有发生一种病毒短时间内大范围感染的重大疫情。这也与我国病毒以木马程序为主有关,埋伏性、隐蔽性是木马程序的特征,因此从表现上已很难再发生类似"冲击波""熊猫烧香"这样的重大计算机病毒,进一步显示出病毒趋利性的特点。计算机病毒、木马的传播方式仍旧以网页挂马为主。挂马者主要通过微软以及其他应用普遍的第三方软件漏洞为攻击目标。自 2022 年 5 月至今,我国连续消灭了"木马下载器"变种、"犇牛"、"猫癣"等病毒和木马,它们都具有木马下载器以及对抗杀毒软件的功能,可以通过 AP 攻击、可移动磁盘、网页挂马、感染 EXE 文件等方式进行传播,中毒后的受害程度取决于最终下载的木马所执行的操作。

病毒制造者、传播者在巨大利益的驱使下,利用病毒木马技术进行网络盗窃、诈骗活动,通过网络贩卖病毒、木马,教授病毒编制技术和网络攻击技术等形式的网络犯罪活动明显增多,严重威胁我国互联网的应用和发展,制约我国各种互联网业务的发展。

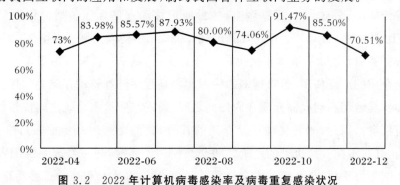

图 3.2　2022 年计算机病毒感染率及病毒重复感染状况

3.2.9.2　计算机病毒造成的损失状况

近年来的调查结果显示,密码账号被盗、受到远程控制、系统(网络)无法使用、扫描器配置被修改是计算机病毒造成的主要破坏后果(见图 3.3)。自 2022 年以来,随着病毒破坏性的变化,病毒破坏性调查工程增加了"密码、账号被盗"选项。调查结果显示,用户密码、账号被盗的比例仍旧呈上升趋势,2022 年密码被盗占调查总数的 27.14%,比上一年增长了 8.44个百分点,并且位居 2022 年计算机病毒造成的主要危害的首位。"onlinegames""网窃贼""线牛""猫癣"等病毒利用多种传播渠道进行传播并下载木马,并帮助木马传播,盗取账号、密码,攫取非法经济效益,给被感染的用户带来重大损失。2022 年上半年,微软操作系统连续消灭多个"零日"漏洞。5 月 31 日,微软 DirectShow 漏洞在播放某些经过特别构造的QuickTime 媒体文件时,可能导致远程任意代码执行。7 月 8 日,微软确认视频处理组件DirectShow 存在 MPEG 零日漏洞,导致黑客对大量网站进行攻击,利用该漏洞进行网页挂马。暴风影音在 2022 年 4 月 30 日被首次觉察零日漏洞,该漏洞存在于暴风影音 ActiveX

控件中,该控件存在远程缓冲区溢出漏洞,利用该漏洞,黑客可以制作恶意网页,用于完全把握扫描者的计算机或传播恶意软件。同时,网上贩卖病毒、木马以及利用僵尸网络进行DDOs 攻击的活动数量仍旧维持在较高水平,且日益公开化。

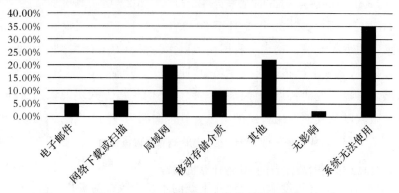

图 3.3   2022 年计算机病毒造成的后果图

3.2.9.3   计算机病毒传播的主要途径

近年来,我国计算机病毒主要通过电子邮件、网页下载或浏览、局域网和移动存储介质等途径进行传播(见图 3.4)。根据调查,病毒通过移动存储介质传播的比例呈上升趋势。2022 年,该比例高达 41.34%。经过加强治理,2022 年年初该比例下降至 21.9%,呈现出大幅下降趋势。然而,2022 年下半年又出现上升势头,达到 25.40%。由于 U 盘等各种类型的移动存储介质的广泛使用,越来越多的病毒和木马程序选择移动存储介质作为传播途径。这些病毒和木马利用移动存储介质在内外网之间、涉密与非涉密系统之间传输数据时,窃取敏感或涉密信息。因此,随着移动存储介质的普及,我们必须进一步加强对这类介质的治理,严格防止其在不同安全级别的系统之间交叉使用。同时,通过修改系统配置、关闭系统自动运行功能等方法,提高系统的安全级别,以防止病毒和木马程序通过移动存储介质进行传播。

另外,根据 2022 年的问卷调查结果,病毒通过网页下载或浏览进行传播的比例高达37.89%,位居首位,相较于 2021 年上升了 11.48 个百分点。这进一步证明,目前网页挂马仍然是恶意攻击者最钟爱的病毒传播方式。同时,网络监测和用户求助的情况也显示,大量的网络犯罪是通过挂马方式实现的。挂马者主要利用微软以及其他广受欢迎的第三方软件(如 RealPlayer、Adobe Flash、暴风影音等)的漏洞进行攻击。挂马是指在网页中嵌入恶意代码,当用户访问这些存在安全漏洞的网页时,木马会侵入用户系统,进而盗取用户敏感信息或进行攻击、破坏。

这种通过浏览页面进行的攻击方式具有高度的隐蔽性,使得用户难以察觉。因此,其潜在的危害性更大。用户必须持续关注浏览器和各种流行应用软件的安全性,并提高对挂马攻击方式的防范能力。

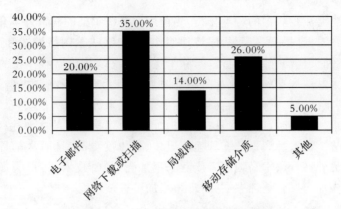

图 3.4　2022 年计算机病毒传播途径图

3.2.9.4　2022 年我国最流行的 10 种计算机病毒

(1)木马下载器(Troj Downloader)。

(2)U 盘杀手及变种。

(3)代理木马(Troj_Agent)及变种。

(4)AutoRun 及变种。

(5)网游大盗(Troj_OnlineGames、Gamepass)及变种。

(6)灰鸽子(GPigeon)及变种。

(7)Troj_Start 及变种。

(8)AV 终结者及变种。

(9)Html Iframe 及变种。

(10)Conficker 及变种(Kido)。

调查结果显示木马下载器及"木马代理"分别排在最流行病毒的前两位,并且多年来始终流行,这也说明木马具有强大的生存力量,依旧是我国计算机用户面临的主要安全威胁。这种病毒可以从指定的网址下载,还可以通过网络和移动存储介质传播。当系统接入互联网时,病毒可能会盗取用户的账号、密码等信息并发送到指定的信箱或者网页中。十大病毒与盗取密码有关的病毒有网游大盗、AV 终结者,它们都具有窃取用户的账号和密码的功能。灰鸽子具有后门的功能,感染此种病毒的系统可以被黑客远程把握。U 盘杀手和 AutoRun 都是针对移动存储介质的病毒。其中,U 盘杀手是一种特地窃取 U 盘资料的木马病毒,它不会主动传播,但会在中毒计算机操作系统的系统名目下的多个文件夹中生成不同的可执行病毒文件,一旦计算机用户点击文件,就会启动运行该病毒。AutoRun 病毒通过 Autorun. inf 文件自动调用执行优盘等移动存储介质中的病毒、木马等程序,然后感染用户的计算机系统。HTML Iframe 属于较为常见的脚本类病毒,被广泛用于挂马。这些脚本类病毒针对多个网络扫描器漏洞以及多种国内外常用的应用软件漏洞(如 Adobe Reader、RealPlayer、Flash 插件、暴风影音、迅雷、联众等),利用这些漏洞下载、激活病毒木马等恶意程序,对用户造成进一步危害。Conficker 蠕虫病毒具有极强的破坏力量,不仅能够创立格外强大的僵尸网络,还可以通过本地网络和移动存储介质进行传播。Troj Start 是防毒软件对某类木马程序的统称,它并不代表固定的某个病毒,而是指一类木马程序。

通过对我国主要流行病毒的特点分析,当前用户系统感染的病毒外乡化趋势更加明显,很多病毒主要是针对国内一些应用程序特地制作的,如某一款网络游戏和网络银行等。零日漏洞与日俱增,网页挂马现象日益严峻,除了操作系统以及扫描器存在的漏洞,众多应用工具软件漏洞也大量被病毒利用,比如各种即时通信聊天工具漏洞、播放器漏洞、网络电视播放软件漏洞,甚至搜寻工具条漏洞都被黑客大量利用来进行网页挂马,从而给个人和单位用户造成严重的损失。同时,由于网页挂马方式已成为病毒传播的主要途径,因此脚本类病毒呈明显上升趋势。脚本类病毒的变种速度更快、机敏度更高,且通常都是利用多种漏洞,防范难度更大。另外,病毒、木马编制者广泛采用加壳、加密技术,使得病毒变种速度加快,编制者甚至在其中加入反查杀加多层壳技术,增加了查杀难度。

3.2.9.5 近年来重大计算机病毒案例

2022年9月5日至11日是国家网络安全宣传周,国家计算机病毒应急处理中心,以及360公司分别发布了西北工业大学遭受境外网络攻击的报告。2022年6月22日,西北工业大学发布《公开声明》称,该校遭受境外网络攻击。陕西省西安市公安局碑林分局随即发布《警情通报》,证实在西北工业大学的信息网络中发现了多款源于境外的木马和恶意程序样本,西安警方已对此正式立案调查。

中国国家计算机病毒应急处理中心和360公司全程参与了此案的技术分析工作。技术团队先后从西北工业大学的多个信息系统和上网终端中提取到了木马程序样本,综合使用国内现有数据资源和分析手段,并得到欧洲、东南亚部分国家合作伙伴的通力支持,全面还原了相关攻击事件的总体概貌、技术特征、攻击武器、攻击路径和攻击源头,初步判明相关攻击活动源自于美国国家安全局(NSA)的特定入侵行动办公室(Office of Tailored Access Operation,TAO)。

这里将介绍 TAO 对西北工业大学发起的上千次网络攻击活动中,某些特定攻击活动的重要细节,为全球各国有效发现和防范 TAO 的后续网络攻击行为提供可以借鉴的案例。

(1)TAO 攻击渗透西北工业大学的流程。

TAO 对他国发起的网络攻击技战术针对性强,采取半自动化攻击流程,单点突破、逐步渗透、长期窃密。

1)单点突破、级联渗透,控制西北工业大学网络:经过长期的精心准备,TAO 使用"酸狐狸"平台对西北工业大学内部主机和服务器实施中间人劫持攻击,部署"怒火喷射"远程控制武器,控制多台关键服务器。利用木马级联控制渗透的方式,向西北工业大学内部网络深度渗透,先后控制运维网、办公网的核心网络设备、服务器及终端,并获取了部分西北工业大学内部路由器、交换机等重要网络节点设备的控制权,窃取身份验证数据,并进一步实施渗透拓展,最终达成了对西北工业大学内部网络的隐蔽控制。

2)隐蔽驻留、"合法"监控,窃取核心运维数据:TAO 将作战行动掩护武器"精准外科医生"与远程控制木马 NOPEN 配合使用,实现进程、文件和操作行为的全面"隐身",长期隐蔽控制西北工业大学的运维管理服务器,同时采取替换 3 个原系统文件和 3 类系统日志的方式,消痕隐身,规避溯源。TAO 先后从该服务器中窃取了多份网络设备配置文件。利用窃取到的配置文件,TAO 远程"合法"监控了一批网络设备和互联网用户,为后续对这些目标实施拓展渗透提供数据支持。

3)搜集身份验证数据、构建通道,渗透基础设施:TAO 通过窃取西北工业大学运维和技术人员远程业务管理的账号口令、操作记录以及系统日志等关键敏感数据,掌握了一批网络边界设备账号口令、业务设备访问权限、路由器等设备配置信息、FTP 服务器文档资料信息。根据 TAO 攻击链路、渗透方式、木马样本等特征,关联发现 TAO 非法攻击渗透中国境内的基础设施运营商,构建了对基础设施运营商核心数据网络远程访问的"合法"通道,实现了对中国基础设施的渗透控制。

4)控制重要业务系统,实施用户数据窃取:TAO 通过掌握的中国基础设施运营商的思科 PIX 防火墙、天融信防火墙等设备的账号口令,以"合法"身份进入运营商网络,随后实施内网渗透拓展,分别控制相关运营商的服务质量监控系统和短信网关服务器,利用"魔法学校"等专门针对运营商设备的武器工具,查询了一批中国境内敏感身份人员,并将用户信息打包加密后经多级跳板回传至美国国家安全局总部。

(2)窃取西北工业大学和中国运营商敏感信息。

1)窃取西北工业大学远程业务管理账号口令、操作记录等关键敏感数据:TAO 通过在西北工业大学运维管理服务器安装嗅探工具"饮茶",长期隐蔽嗅探窃取西北工业大学运维管理人员远程维护管理信息,包含网络边界设备账号口令、业务设备访问权限、路由器等设备配置信息等。

2)遭到嗅探的网络设备类型包括固定互联网的接入网设备(路由器、认证服务器等)、核心网设备(核心路由器、交换机、防火墙等),也包括通信基础设施运营企业的重要设备(数据服务平台等),内容包括账号、口令、设备配置、网络配置等信息。

3)窃取西北工业大学核心网络设备账号口令及配置信息:北京时间 20××年 12 月 11 日 6 时 52 分,TAO 以位于日本京都大学的代理服务器(IP:130.54.××.××)为攻击跳板,非法入侵了西北工业大学运维网络的"telnet"管理服务器,上传并安装 NOPEN 木马,然后级联控制其内网监控管理服务器,上述 2 台服务器事先均已被安装"饮茶"嗅探工具。TAO 远程操控木马检索并下载被压缩加密的监听记录文件,然后清痕退出。窃取数据包括路由器、核心网设备(核心路由器、交换机、防火墙)管理账号、口令、设备配置、网络配置等信息。

4)多次窃取接入网认证设备账号口令及配置信息。

北京时间 20××年 5 月 30 日 0 时 28 分,TAO 以位于日本的代理服务器(IP:210.135.××.××)为攻击跳板,非法入侵了西北工业大学运维网络"telnet"管理服务器,上传并安装 NOPEN 木马,然后级联控制其内网监控管理服务器,这 2 台服务器事先均已被安装"饮茶"嗅探工具,TAO 远程操控木马检索并下载窃密记录文件后清痕退出。窃取数据包括接入网认证设备的账号、口令及配置信息。

北京时间 20××年 7 月 4 日 1 时 12 分,TAO 利用位于德国莱比锡技术经济和文化学院的代理服务器(IP:141.57.××.××)作为攻击跳板,非法入侵西北工业大学运维网络"telnet"管理服务器,上传并安装 NOPEN 木马工具,级联控制其内网监控管理服务器等其他 3 台服务器,这 4 台服务器事先均已被安装"饮茶"嗅探工具,TAO 远程操控木马检索并下载窃密文件后清痕退出。

北京时间 20××年 10 月 11 日 10 时 35 分,TAO 利用位于韩国首尔国立江原大学的代理服务器(IP:210.115.××.××)作为攻击跳板,非法入侵西北工业大学运维网络监控管理服务器,上传并安装 NOPEN 木马工具,然后级联控制其内网备份服务器、认证服务器等其他 4 台服务器,这 5 台服务器事先均已被安装"饮茶"嗅探工具,TAO 远程操控木马分别检索并下载窃取记录文件后清痕退出。

北京时间 20××年 10 月 19 日 2 时 46 分,TAO 以位于韩国大田的高等科学技术研究学院的代理服务器(IP:143.248.××.××)为攻击跳板,非法入侵西北工业大学运维网络"telnet"管理服务器,级联控制其内网监管服务器等其他 2 台服务器,这 3 台服务器事先均已被安装"饮茶"嗅探工具,TAO 通过远程操控木马检索并下载窃密文件,然后清痕退出。

(3)窃取西北工业大学网络设备运维配置文件和日志文件。

美国国家安全局"特定入侵行动办公室"(TAO)长期攻击入侵西北工业大学网络运维管理服务器,秘密窃取网络设备运维配置文件和日志文件。

1)窃取西北工业大学网络运行日志文件:北京时间 20××年 3 月 2 日 3 时 41 分,TAO 通过位于日本的代理服务器(IP:210.135.××.××)非法入侵控制西北工业大学 1 台网络运维管理服务器。3 时 49 分,TAO 从该运维管理服务器横向移动到另一台运维监控服务器,以特定字符串为关键词检索日志文件并进行窃取了一批系统运行日志文件和系统日常自检报告备份文件。

2)窃取西北工业大学服务器定期任务配置脚本:北京时间 20××年 10 月 11 日 10 时 41 分,TAO 通过位于韩国的代理服务器(IP:210.115.××.××)入侵控制了西北工业大学一台内网服务器。10 时 48 分,TAO 经过两次横向移动,入侵了另一台内网服务器,访问了特定目录下的定期任务配置脚本,共检索到 14 个用于定期执行任务的配置文件。随后,一次性窃取了这 14 个文件,这些文件可用于执行定期清理、备份、检查电源等操作。

3)窃取西北工业大学公司服务器系统信息文件:北京时间 20××年 6 月 6 日 1 时 27 分,TAO 通过位于韩国的代理服务器(IP:222.122.××.××)入侵控制了西北工业大学一台内网服务器。2 时 4 分,TAO 经过两次横向移动,入侵了另一台内网服务器,访问了目录/var/下的系统文件,窃取了 60 个常用的系统信息文件,被窃取的系统信息文件内容包含系统发行版本、用户密码哈希、用户权限、本地域名解析配置等。

(4)渗透控制中国基础设施核心设备。

美国国家安全局"特定入侵行动办公室"(TAO)利用窃取到的网络设备账号口令,以"合法"身份进入中国某基础设施运营商服务网络,控制相关服务质量监控系统,窃取用户隐私数据。

北京时间 20××年 3 月 7 日 22 时 53 分,美国国家安全局"特定入侵行动办公室"(TAO)通过位于墨西哥的攻击代理 148.208.××.××,攻击控制中国某基础设施运营商的业务服务器 211.136.××.××,通过两次内网横向移动(10.223.140.××、10.223.14.××)后,攻击控制了用户数据库服务器,非法查询多名身份敏感人员的用户信息。

同日 15 时 02 分,TAO 将查询到的用户数据保存在被攻击服务器目录下,被打包回传至攻击跳板,随后窃密过程中上传的渗透工具、用户数据等攻击痕迹被专用工具快速清除。

美国国家安全局"特定入侵行动办公室"(TAO)运用同样的手法,分别于北京时间 20××年 1 月 10 日 23 时 22 分、1 月 29 日 8 时 41 分、3 月 28 日 22 时 00 分、6 月 6 日 23 时 58

分,攻击控制另外 1 家中国基础设施业务服务器,非法多批次查询、导出、窃取多名身份敏感人员的用户信息。

据分析,美国国家安全局"特定入侵行动办公室"(TAO)以上述手法,利用相同的武器工具组合,"合法"控制了全球不少于 80 个国家的电信基础设施网络。技术团队与欧洲和东南亚国家的合作伙伴通力协作,成功提取并固定了上述武器工具样本,并成功完成了技术分析,拟适时对外公布,协助全球共同抵御和防范美国国家安全局 NSA 的网络渗透攻击。

(5)TAO 在攻击过程中暴露身份的相关情况。

美国国家安全局"特定入侵行动办公室"(TAO)在网络攻击西北工业大学过程中,暴露出多项技术漏洞,多次出现操作失误,相关证据进一步证明对西北工业大学实施网络攻击窃密行动的幕后黑手即为美国国家安全局 NSA。兹摘要举例如下:

1)攻击时间完全吻合美国工作作息时间规律:美国国家安全局"特定入侵行动办公室"(TAO)在使用 tipoff 激活指令和远程控制 NOPEN 木马时,必须通过手动操作,从这两类工具的攻击时间可以分析出网络攻击者的实际工作时间。

2)语言行为习惯与美国密切关联:技术团队在对网络攻击者长时间追踪和反渗透过程中(略)发现,攻击者具有以下语言特征:一是攻击者有使用美式英语的习惯;二是与攻击者相关联的上网设备均安装英文操作系统及各类英文版应用程序;三是攻击者使用美式键盘进行输入。

3)武器操作失误暴露工作路径:20××年 5 月 16 日 5 时 36 分(北京时间),对西北工业大学实施网络攻击人员利用位于韩国的跳板机(IP:222.122.××.×××),并使用 NOPEN 木马再次攻击西北工业大学。在对西北工业大学内网实施第三级渗透后试图入侵控制一台网络设备时,在运行上传 PY 脚本工具时出现人为失误,未修改指定参数。脚本执行后返回出错信息,信息中暴露出攻击者上网终端的工作目录和相应的文件名,从中可知木马控制端的系统环境为 Linux 系统,且相应目录名"/etc/autoutils"系 TAO 网络攻击武器工具目录的专用名称(autoutils)。

4)大量武器与遭曝光的 NSA 武器基因高度同源:此次被捕获的、对西北工业大学攻击窃密中所用的 41 款不同的网络攻击武器工具中,有 16 款工具与"影子经纪人"曝光的 TAO 武器完全一致;有 23 款工具虽然与"影子经纪人"曝光的工具不完全相同,但其基因相似度高达 97%,属于同一类武器,只是相关配置不相同;另有 2 款工具无法与"影子经纪人"曝光工具进行对应,但这 2 款工具需要与 TAO 的其他网络攻击武器工具配合使用,因此这批武器工具明显具有同源性,都归属于 TAO。

5)部分网络攻击行为发生在"影子经纪人"曝光之前:技术团队综合分析发现,在对中国目标实施的上万次网络攻击,特别是对西北工业大学发起的上千次网络攻击中,部分攻击过程中使用的武器攻击,在"影子经纪人"曝光 NSA 武器装备前便完成了木马植入。按照 NSA 的行为习惯,上述武器工具大概率由 TAO 雇员自己使用。

第4章 密码学和密码技术

4.1 密码学概述

密码学(cryptology)是一门古老而深奥的学科,对一般人来说是非常陌生的。长期以来,其只在很小的范围内使用,如军事、外交、情报等部门。计算机密码学是研究计算机信息加密、解密及其变换的科学,是数学和计算机的交叉学科,也是一门新兴的学科。随着计算机网络和计算机通信技术的发展,计算机密码学得到前所未有的重视并迅速普及和发展起来。在国外,它已成为计算机安全主要的研究方向。

密码学的历史比较悠久,在约四千年前,古埃及人就开始使用密码来保密传递消息。两千多年前,古罗马统帅恺撒(Gaius Julius Caesar)就开始使用目前称为"恺撒密码"的密码系统。但是密码技术直到20世纪40年代以后才有重大突破和发展。特别是20世纪70年代后期,由于计算机、电子通信的广泛使用,现代密码学得到了空前的发展。

密码学是信息安全技术的核心和基石,在信息安全领域起着基本的、无可替代的作用。密码学的重要性如图4.1所示,这方面的任何重大进展,都有可能改变信息安全技术的走向。密码技术和理论的发展始终深刻影响着信息安全技术的发展和突破。

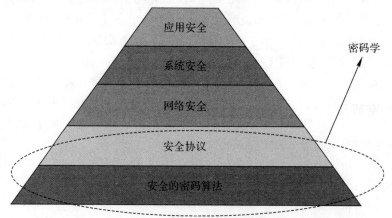

图 4.1 密码学的重要性

4.2　密码学的发展阶段

密码学的发展可以分为以下三个主要阶段：

(1)古典密码学阶段。这个阶段涵盖了古代到 18 世纪末的时期。在这个阶段,密码学主要集中在替换密码和移位密码等基本技术上。古代文明中的人们使用简单的替换密码来保护通信的机密性,如恺撒密码和维吉尼亚密码。这个阶段的密码学主要依赖于人工计算和手工操作。

(2)机械密码学阶段。这个阶段发生在 19 世纪末到 20 世纪中叶。在这个阶段,密码学家开始使用机械设备来加密和解密消息。最著名的机械密码机是德国的恩尼格玛机和美国的 SIGABA 机。这些机器使用旋转齿轮和电路来实现复杂的密码算法,提高了加密的效率和安全性。

(3)现代密码学阶段。这个阶段从 20 世纪中叶开始,一直延续至今。现代密码学主要基于数学和计算机科学的原理和技术。在这个阶段,对称密钥密码学和公钥密码学成为主流。对称密钥密码学使用相同的密钥来加密和解密消息,而公钥密码学使用不同的密钥来实现更高的安全性。现代密码学还涉及密码分析、密码协议、数字签名等领域的研究和应用。

这三个阶段代表了密码学发展的不同历史时期。从古典密码学到机械密码学再到现代密码学,密码学的发展不断推动着通信和数据安全的进步。密码学的分类如图 4.2 所示。

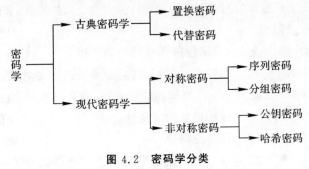

图 4.2　密码学分类

4.3　数字密写历史

4.3.1　密码形式

(1)隐写术。据希罗多德《历史》记载,希斯提亚埃乌斯(Histiaeus)想鼓动米利都(Miletus)城的阿里斯塔格拉斯(Aristagoras)反叛波斯国王,为了传达希斯提亚埃乌斯的意思,阿里斯塔格拉斯剃光了一个信使的头发,将信写在头皮上。等信使头发重新长出,信使就可以到米利都城给阿里斯塔格拉斯传送信息,而不会遇到麻烦。

狄马拉图斯(Demeratus)为警告斯巴达关于波斯薛西斯(Xerxes,波斯帝国国王)迫在眉睫的入侵:他在一块写字板上划掉一块蜡,然后把他的消息写在下面,最后再用蜡覆盖在上面,这样写字板看上去就像空白的一样。

16 世纪的的意大利科学家乔凡尼·巴蒂斯塔门(Giovanni Battista Porta)将少量明矾和醋混合制成墨水,用此墨水在鸡蛋壳表面写字。然后煮鸡蛋,墨水就会从蛋壳渗进去,显示在凝固的蛋白表面。蛋壳表面的字则融化散去,剥去蛋壳可以读。

(2)密码棒(Scytale)。公元前 500 年,斯巴达人在军事上进行加解密,发送者把一条羊皮纸螺旋形地缠在一个圆柱形木棒上,核心思想是置换。密码棒如图 4.3 所示。

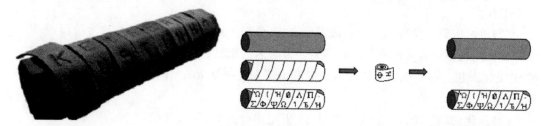

图 4.3 密码棒

(3)信息位置隐藏——Cardan 密码。Cardan 密码是一种古老的密码技术,由法国数学家 Girolamo Cardano 在 16 世纪发明。它是一种替换密码,通过对字母进行重新排列来加密消息。

Cardan 密码的加密过程如下:

1)选择一个关键词或短语,例如"OPENAI"。

2)将关键词中的字母按照字母表的顺序排列,得到一个新的顺序,例如"AEINOP"。

解密过程与加密过程相反:

1)使用相同的关键词或短语,将字母按照相同的顺序排列。

2)将密文消息中的字母按照旧的顺序进行替换,即可得到明文消息。

需要注意的是,Cardan 密码是一种简单的替换密码,容易被破解。在现代密码学中,使用更加复杂和安全的加密算法来保护信息的安全性。

(4)缩微技术。缩微技术如图 4.4 所示。

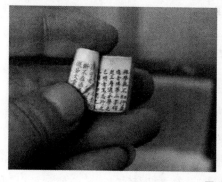

图 4.4 缩印的书

在 1870—1871 年的普法战争中,当巴黎被围困时,鸽子带出了隐藏在缩微胶卷上的消息。

在 1905 年的日俄战争中,显微图像被隐藏于耳朵、鼻孔中,甚至指甲之下。

在第一次世界大战中,间谍收发的消息通过几次照相缩小成为细小的点,然后把这些点粘贴在那些无关紧要的掩饰材料如杂志中印刷的逗号之上。

(5)恺撒(Caesar)密码。恺撒密码是一种古老的替换密码,由古罗马军事家恺撒在公元 1 世纪发明。它是一种简单的移位密码,通过将字母按照固定的偏移量进行替换来加密消息。

恺撒密码的加密过程如下:

1)首先,选择一个偏移量,通常称为恺撒偏移量或恺撒密钥。例如,偏移量为 3。

2)将明文消息中的每个字母按照偏移量向右移动。例如,将字母"A"替换为"D",将字母"B"替换为"E",以此类推。加密后的消息即为替换后的字母序列。

解密过程与加密过程相反:使用相同的偏移量,将密文消息中的每个字母向左移动,恢复原始的字母序列。

例如,使用恺撒偏移量为 3,将明文消息"HELLO"加密:

"H"替换为"K";

"E"替换为"H";

"L"替换为"O";

"L"替换为"O";

"O"替换为"R";

加密后的消息为"KHOOR"。

(6)掩码——乐符和几何符号。

掩码——乐符和几何符号如图 4.5 所示。

图 4.5   乐谱中的掩码

17 世纪 Schott 提出,可以在音乐乐谱中隐藏消息,每个音符对应于一个字符。

Wilkins 论述了两个音乐家能够通过使用他们的乐器交谈,就像用嘴说话一样。

Wilkins 还阐述了可以在几何图形中隐藏消息,"点、线段的终端和图的角度,都可以表示不同的字母"。

（7）雕塑和油画。雕塑和油画等作品从不同的角度看上去不尽相同,基于这一原理,在16 和 17 世纪,变形图像提供了一种理想的方法用于伪装危险的政治声明和异端思想。

（8）隐藏变形雕刻。雕刻家 Sho 在 1530 年左右创作了一件隐藏变形雕刻作品:当人们从正常的角度看它时可以看到一幅奇怪的风景,而从侧面看时却可以看见一个著名的国王的肖像,如图 4.6 所示。

在一幅有关圣安尼奥河的画中隐藏着一封密信。画中沿河岸的短草表示摩斯电码中的点,长草叶代表画。

图 4.6　藏在画中的摩斯密码

4.3.2　古代保密的例子及加密设备

相传商纣王末年,姜太公辅佐周室。有一次,姜太公带领的周军指挥大营被叛兵包围,情况危急,姜太公令信使突围,回朝搬兵,但又怕信使遗忘机密,或者周文王不认识信使,耽误了军务大事。于是其将自己珍爱的鱼竿折成数节,每节长短不一,各代表一件军机,令信使牢记,不得外传。信使几经周折回到朝中,周文王令左右将几节鱼竿连在一起,亲自检验。周文王辨认出是姜太公的心爱之物,于是亲率大军,解救姜太公。此后,姜太公将鱼竿传信的办法加以改进,"阴符"由此诞生。

加密方式:君主授予主将秘密的兵符,一共分为八种,各代表一件军机。

第二次世界大战中美国陆军和海军使用的条形密码设备 M-138-T4 如图 4.7 所示。这是根据 1914 年 Parker Hitt 的提议而设计的,25 个可选取的纸条按照预先编排的顺序编号和使用,主要用于低级的军事通信。

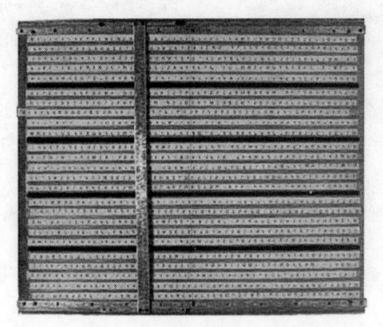

图 4.7　美国条形密码设备 M - 138 - T4

Kryha 密码机(见图 4.8)大约在 1926 年由 Alexander vo Kryha 发明。这是一个多表加密设备,密钥长度为 442,周期固定,由数量不等的齿的轮子引导密文轮不规则运动。

哈格林(Hagelin)密码机 C - 36(见图 4.9),由 Aktiebolaget Cryptoeknid Stockholm 于 1936 年制造,密钥周期长度为 3 900 255。

图 4.8　Kryha 密码机

图 4.9　哈格林(Hagelin)密码机 C - 36

Hagelin M - 209(见图 4.10)是对 C - 36 改进后的产品,由 Smith-Corna 负责为美国陆军生产。它的密码周期达到了 101 105 950。

图 4.10　哈格林(Hagelin)密码机 M‑209

转轮密码机 ENIGMA(见图 4.11),由 Arthur Scherbius 于 1919 年发明,面板前有灯泡和插接板;4 轮 ENIGMA 在 1944 年装备德国海军,据说英国从 1942 年 2 月到 12 月都没能解读德国潜艇的信号。

图 4.11　转轮密码机 ENIGMA

英国的 TYPEX 打字密码机(见图 4.12),是德国 3 轮 ENIGMA 的改进型密码机。它在英国通信中使用广泛,且在破译密钥后帮助破解德国信号。

图 4.12　英国的 TYPEX 打字密码机

　　在线密码电传机 Lorenz SZ 42(见图 4.13),大约在 1943 年由 Lorenz A. G 制造。英国人称其为"tunny",用于德国战略级陆军司令部。SZ 40/SZ 42 因为德国人的加密错误而被英国人破解,此后英国人一直使用电子 COLOSSUS 机器来解读德国信号。

图 4.13　在线密码电传机 Lorenz SZ 42

4.3.3 现代密码学的例子

现代密码学的应用场景：①彩票加密系统；②银行在线支付加密系统；③保密电话。

以下是近代密码斗争实例。

（1）英德密码战。第二次世界大战中，英国破开德国的 ENIGMA 密码机一事于 1974 年公开，此事件导致美国参战德国被迫用陆、海、空三军进攻。英国在得知德军某精锐部队缺乏燃料且能源供给部队没跟上时，及时打击它。

（2）日美密码战。第二次世界大战中，日本海军使用的"紫密"密码早被英军破译，却没有及时更换，导致了珍珠港事件（1941 年 12 月 7 日）、中途岛事件（1942 年 6 月 3 日）、山本五十六之死事件（1943 年 4 月 18 日）。

（3）近代战争。如以色列中东战争（1976 年）、马岛战争（1982 年）、美轰炸利比亚首都（1985 年）、海湾战争（1990 年）、科索沃战争（1999 年）中密码战也发挥了至关重要的作用。

4.4 密码体制的分类

当前密码学领域的研究根据密码体制不同可以分为以下几类。

（1）密码编码学：设计和研究密码通信系统，使其传递的信息具有很强的保密性和认证性的学科。

（2）密码分析学：研究如何从密文推出明文、密钥或解密算法的学科。

（3）密钥管理学：研究密钥的产生、分配、存贮、传递、装入、丢失、销毁以及保护等内容的学科。

一个密码体制可以描述为一个五元组 (P,C,K,E,D)，必须满足下面的条件：

（1）P 是可能明文的有限集。

（2）C 是可能密文的有限集。

（3）K 是可能的密钥的有限集。

对于每一个 $k \in K$ 都有一个加密规则和相应的解密规则 $d_k \in D$，每一个 $e_k : P \to C$ 和 $d_k : C \to P$ 是一个函数，它满足：对于每一个明文 $x \in P$ 都满足 $d_k[e_k(x)] = x$。

$$P = C = Z_{26}$$

$$0 \leqslant k \leqslant 25$$

$$e_k(x) = (x+k) \bmod 26 + 97$$

$$d_k(y) = (y-k) \bmod 26 + 97$$

取 $k=10$，则明文为 good，密文为 hppe。即 g(103)、o(111)、d(100)。

密码体制从原理上可分为两大类，即单钥体制和双钥体制，如图 4.14 所示。

图 4.14 密码体制分类示意图

4.4.1 单钥密码体制

单钥密码体制的加密密钥和解密密钥相同。采用单钥体制的系统的保密性主要取决于密钥的保密性，与算法的保密性无关，即由密文和加解密算法不可能得到明文。

换句话说，算法无须保密，须保密的仅是密钥。根据单钥密码体制的这种特性，单钥加解密算法可通过低费用的芯片来实现。

(1)单钥(私钥、对称)加密算法。对称加密算法原理如图 4.15 所示。

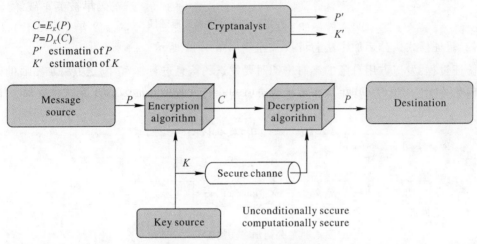

图 4.15　对称加密算法原理图

密钥可由发送方产生然后再经一个安全可靠的途径(如信使递送)送至接收方，或由第三方产生后安全可靠地分配给通信双方。

如何产生满足保密要求的密钥以及如何将密钥安全可靠地分配给通信双方是这类体制设计和实现的主要课题。

密钥产生、分配、存储、销毁等问题，统称为密钥管理。这是影响系统安全的关键因素，密码算法再好，若密钥管理问题处理不好，也很难保证系统的安全保密。

单钥体制对明文消息的加密有两种方式：一是明文消息按字符(如二元数字)逐位地加密，称之为流密码；另一种是将明文消息分组(含有多个字符)，逐组地进行加密，称之为分组密码。

单钥体制不仅可用于数据加密，也可用于消息的认证。

(2)公开密钥加密体制。公开密钥加密(简称公钥加密)，需要采用两个在数学上相关的密钥对(公开密钥和私有密钥)来对信息进行加解密。通常人们也将这种密码体制称为双钥密码体制或非对称密码体制。

4.4.2 公钥加密模式

(1)公钥加密模式如图 4.16 所示。

加密过程:发送方用接收方公开密钥对要发送的信息进行加密后,发送方将加密后的信息通过网络传送给接收方,接收方用自己的私有密钥对接收到的加密信息进行解密,得到信息明文。

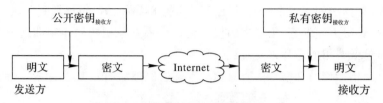

图 4.16　公钥加密法加密模式原理图

(2)验证模式。公钥加密法验证模式原理如图 4.17 所示。

验证过程:发送方用自己的私有密钥对要发送的信息进行加密,发送方将加密后的信息通过网络传送给接收方,接收方用发送方公开密钥对接收到的加密信息进行解密,得到信息明文。

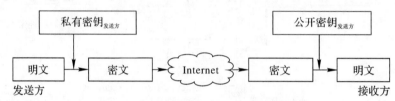

图 4.17　公钥加密法验证模式原理图

(3)加密与验证模式的结合。公钥加密法加密与验证模式的结合原理如图 4.18 所示。保障信息机密性与验证发送方的身份同时实现。

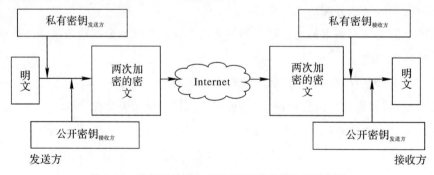

图 4.18　公钥加密法加密与验证模式的结合原理图

(4)两种加密方法的联合。RSA 加密体制于 1977 年由美国麻省理工学院的三位教授 Ronald Rivest、Adi Shamir、Leonard Adleman 联合发明。

两种加密方法涉及的关键包括 RSA 算法的理论基础、大致分解、素数检测 、RSA 算法的实施、密钥对的生成、加密过程、解密过程、RSA 算法的安全性。

对称加密与公钥加密法加密联合原理如图 4.19 所示。

大整数分解发展状况以及大整数分解发展状况见表 4.1、表 4.2。

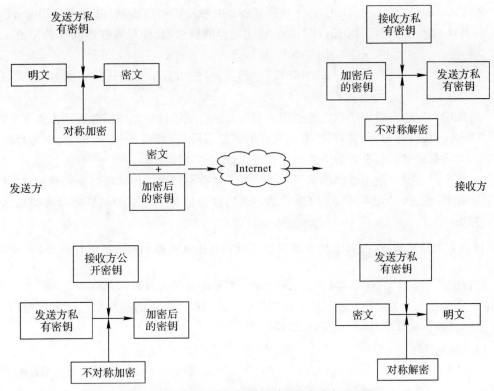

图 4.19　对称加密与公钥加密法加密联合原理图

表 4.1　大整数分解发展状况(1)

年度	被分解因子十进位长度	机器形式	时间
1983	47	HP 迷你电脑	3 天
1983	69	Croy 超级电脑	32 小时
1988	90	25 个 SUN 工作站	几星期
1989	95	1MZP 处理器	1 个月
1989	106	80 个工作站以上	几星期
1993	110	128×128 处理器(0.2MIPS)	1 个月
1994	129	1600 部电脑	8 个月

表 4.2　大整数分解发展状况(2)

密码体制		硬件速度(bit/s)	软件速度(bit/s 或 MIPS)
RSA	加密	220 k	0.5 k
	解密	—	32 k
DES		1.2 G	400 k

(5)背包加密体制。背包公钥体制是 1978 年由 Merkle 和 Hellmam 用于求解背包问题的困难性而提出的一个公开密钥密码体制。

（6）EIGamal 加密体制。ElGamal 加密算法是一种公钥密码体制，由 Taher Elgamal 在 1985 年首次发表。它基于 Diffie-Hellman 密钥交换的概念，允许双方在不安全的信道上进行安全通信。

（7）密钥生成。用户生成由私钥（随机数）和公钥（使用数学公式从私钥派生）组成的密钥对。

（8）加密。发送方使用接收方的公钥加密消息。这是通过首先将消息转换为数字值，然后将其提高到接收方的公钥的幂次方来完成的。然后将结果乘以一个随机数，称为短暂密钥，并对大质数取模。加密后的消息和短暂密钥被发送到接收者。

（9）解密。接收方使用他们的私钥解密消息。这是通过首先计算短暂密钥的值，将其提高到私钥的幂次方，对大质数取模来完成的。然后接收方将加密后的消息除以此值以获取原始消息。

4.4.3 复合型加密体制

优良保密协议（Pretty Good Privacy，PGP）加密体制简介：PGP 的发明者 Phil Zimmermann 的创造性在于他把 RSA 公钥体系的方便和传统加密体系的高度结合起来，并且在数字签名和密钥认证管理机制上有巧妙的设计。

（1）PGB 的特点和构成。

PGB 具有以下特点：①源代码是免费的，可以消减系统预算；②加密速度快；③可移植性出色；④PGP 的加密算法。

PGB 的构成包括：①一个私钥加密算法（IDEA）；②一个公钥加密算法（RSA）；③一个单向散列算法（MD5）；④一个随机数产生器。

（2）过程。PGP 以一个随机生成密钥（每次加密不同）由 IDEA 算法对明文加密，然后用 RSA 算法对该密钥加密。这样收件人同样是用 RSA 解密出这个随机密钥，再用 IDEA 解密邮件本身。

（3）PGP 的加密算法功能。

1）加密文件。

2）密钥生成。

3）密钥管理。

4）收发电子函件。

5）数字签名。

6）认证密钥。

（4）PGP 的广泛应用。PGP 广泛应用于公钥密码结构。

（5）PGP 软件的下载。PGP 软件的下载方法包括：①在公开密钥链中查找密钥；②下载 PGP 免费软件；③CRYPT 命令；④SMTP 与解码。

（6）PGP 商务安全方案。PGP 商务安全方案包括：①PGP Universal 2；②PGP Desktop；③PGP Command Line 9.0；④PGP SDK 3.0。

4.4.4　非密码的安全技术

(1)基于信息隐藏的传递技术。

特性:①安全性(Security);②透明性(Invisibility);③鲁棒性(Robustness);④自恢复性(Recovery);⑤不可检测性(Undetectability)。

(2)基于生物特征的鉴别技术。常用的生物特征鉴别技术包括指纹识别、声音识别、书写识别、面容识别、视网膜扫描、手形识别。

(3)基于量子密码的密钥传输技术。20 世纪下半叶以来,科学家在"海森堡测不准原理"和"单量子不可复制定理"之上,逐渐建立了量子密码术的概念。

当前,量子密码研究的核心内容,就是如何利用量子技术在量子信道上安全可靠地分配密钥。

4.5　密　码　技　术

密码技术是实现信息安全保密的核心技术。

研究密码技术的学科称为密码学(cryptology),其中,密码编码学(cryptography)是对信息进行保密的技术,密码分析学(cryptanalysis)则是破译密文的技术。

(1)明文、密文与密钥。密码学是以研究数据保密为目的,对存储或传输的信息采取秘密的交换以防止第三者对信息的窃取的技术。

按照加密算法,对未经加密的信息进行处理,使其成为难以读懂的信息的过程称为加密;被变换的信息称为明文,变换后的形式称为密文。

密钥用来控制加密算法完成加密变换,其作用是避免某一加密算法把相同的明文变成相同的密文;即使明文相同、加密算法相同,只要密钥不同,加密后的密文就不同;密钥设计是核心,密钥保护是防止攻击的重点。

(2)解密与密码分析。密码学研究包含两部分内容:一是加密算法的设计和研究;一是密码分析,即密码破译技术。

由合法接收者根据密文把原始信息恢复的过程称为解密或脱密。

非法接收者试图从密文中分析出明文的过程称为密码破译或密码分析。密码分析是一种在不知道密钥的情况下破译加密通信的技术;密码分析之所以能成功,最根本的原因是明文中的冗余度;依赖于自然语言的冗余度,使用"分析—假设—推断—证实或否定"的方法可以从密文中获得明文。

密码学模型如图 4.20 所示,仅对截获的密文进行分析而不对系统进行任何篡改称为被动攻击;采用删除、更改、增添、重放、伪造等方法向系统加入假消息则称为主动攻击;被动攻击的隐蔽性更好,难以被发现,主动攻击的破坏性更大。

密码攻击的方法有穷举法和分析破译法两大类:穷举法也称强力法或完全试凑法,分析破译法包括确定性分析法和统计分析法。

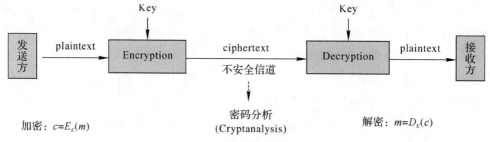

图 4.20　密码学加密解密模型

(3)密码体制。根据密钥的特点,可以将密码体制分为对称密码体制和非对称密码体制。

对称密钥密码系统,又称私钥系统,加密和解密采用同一密钥。

非对称密钥密码系统,也称为公共密钥密码系统,加密和解密采用不同的密钥。

(4)加密方法。按照实现加密手段的不同,分为硬件加密和软件加密。

硬件加密:软盘加密、卡加密、软件锁加密、光盘加密。

软件加密:密码表加密、序列号加密、许可证加密。

古典密码体制采用单表代替体制和多表代替体制,用"手工作业"方式进行加/解密。

近代密码体制采用复杂的机械和电动机械设备(如转轮机),实现加/解密。

现代密码体制起源于 1949 年香农的《保密体制的通信理论》,使用大规模集成电路和计算机技术实现加/解密。

4.6　古典密码学

古典密码体制采用代替法或换位法把明文变换成密文。用其他字母、数字或符号代替明文中的字母的方法称为代替法;将明文字母的正常次序打乱称为置换法(或换位法)。

4.6.1　代替法

代替密码包括单表代替体制和多表代替体制,其中单表代替体制包括加法密码、乘法密码、仿射密码和密钥短语密码等。

(1)加法密码。加法密码又称为移位密码或代替密码。

每个明文字母用其后面的第 K 个字母代替,K 的范围为 $1\sim25$,当 K 为 0 时,就是明文本身,超过 25 的值和 $0\sim25$ 之间的值所起的作用一样;一旦密钥 K 确定,每个英文字母都位移相同的距离。

(2)乘法密码。采用模 26 乘法,将两个乘数的积除以 26,得到的余数为模 26 乘法的结果,见表 4.3。

表 4.3 模 26 乘法

m \ k	0	1	2	3	4	5	6	7	8	9	10	11	12	13	14	15	16	17	18	19	20	21	22	23	24	25
0	0	0	0	0	0	0	0	0	0	0	0	0	0	0	0	0	0	0	0	0	0	0	0	0	0	0
1	0	1	2	3	4	5	6	7	8	9	10	11	12	13	14	15	16	17	18	19	20	21	22	23	24	25
2	0	2	4	6	8	10	12	14	16	18	20	22	24	0	2	4	6	8	10	12	14	16	18	20	22	24
3	0	3	6	9	12	15	18	21	24	1	4	7	10	13	16	19	22	25	2	5	8	11	14	17	20	23
4	0	4	8	12	16	20	24	2	6	10	14	18	22	0	4	8	12	16	20	24	2	6	10	14	18	22
5	0	5	10	15	20	25	4	9	14	19	24	3	8	13	18	23	2	7	12	17	22	1	6	11	16	21
6	0	6	12	18	24	4	10	16	22	2	8	14	20	0	6	12	18	24	4	10	16	22	2	8	14	20
7	0	7	14	21	2	9	16	23	4	11	18	25	6	13	20	1	8	15	22	3	10	17	24	5	12	19
8	0	8	16	24	6	14	22	4	12	20	2	10	18	0	8	16	24	6	14	22	4	12	20	2	10	18
9	0	9	18	1	10	19	2	11	20	3	12	21	4	13	22	5	14	23	6	15	24	7	16	25	8	17
10	0	10	20	4	14	24	8	18	2	12	22	6	16	0	10	20	4	14	24	8	18	2	12	22	6	16
11	0	11	22	7	18	3	14	25	10	21	6	17	2	13	24	9	20	5	16	1	12	23	8	19	4	15
12	0	12	24	10	22	8	20	6	18	4	16	2	14	0	12	24	10	22	8	20	6	18	4	16	2	14
13	0	13	0	13	0	13	0	13	0	13	0	13	0	13	0	13	0	13	0	13	0	13	0	13	0	13
14	0	14	2	16	4	18	6	20	8	22	10	24	12	0	14	2	16	4	18	6	20	8	22	10	24	12
15	0	15	4	19	8	23	12	1	16	5	20	9	24	13	2	17	6	21	10	25	14	3	18	7	22	11
16	0	16	6	22	12	2	18	8	24	14	4	20	10	0	16	6	22	12	2	18	8	24	14	4	20	10
17	0	17	8	25	16	7	24	15	6	23	14	5	22	13	4	21	12	3	20	11	2	19	10	1	18	9
18	0	18	10	2	20	12	4	22	14	6	24	16	8	0	18	10	2	20	12	4	22	14	6	24	16	8
19	0	19	12	5	24	17	10	3	22	15	8	1	20	13	6	25	18	11	4	23	16	9	2	21	14	7
20	0	20	14	8	2	22	16	10	4	24	18	12	6	0	20	14	8	2	22	16	10	4	24	18	12	6
21	0	21	16	11	6	1	22	17	12	7	2	23	18	13	8	3	24	19	14	9	4	25	20	15	10	5
22	0	22	18	14	10	6	2	24	20	16	12	8	4	0	22	18	14	10	6	2	24	20	16	12	8	4
23	0	23	20	17	14	11	8	5	2	25	22	19	16	13	10	7	4	1	24	21	18	15	12	9	6	3
24	0	24	22	20	18	16	14	12	10	8	6	4	2	0	24	22	20	18	16	14	12	10	8	6	4	2
25	0	25	24	23	22	21	20	19	18	17	16	15	14	13	12	11	10	9	8	7	6	5	4	3	2	1

从表中可以看出：当密钥为 1 时，模 26 乘法的结果互不相同；当密钥为 2 时，模 26 乘法的结果有相同部分。因此，乘法密码的密钥只有 12 个：1、3、5、7、9、11、15、17、19、21、23、25，保密性极低。使用乘法密码加密时，先将要加密的明文字母转换为数字。26 个字母分别用 0～25 代替如下：

a b c d e f g h I j k l m n o p q r s t u v w x y z
1 2 3 4 5 6 7 8 9 10 11 12 13 14 15 16 17 18 19 20 21 22 23 24 25 0

然后在乘法密码表找出对应的模 26 乘法的结果，最后再转换为密文字母。

（3）仿射密码，即将乘法密码和加法密码组合在一起。先按照乘法密码将明文变换成中间密文，再将得到的中间密文当作明文，按照加法密码变换成最终密文；其密钥数为 12×26＝312，效果比单独采用乘法密码或加法密码对明文进行加密更好。

（4）密钥短语密码。先任意选一个特定字母，如 e，再任意选择一个英文短语，并将此短语中重复的字母删去，如选词组 INFORMATION SECURITY，去掉重复字母后为 IN-FORMATSECUY，作为密钥短语。在特定字母下开始写出密钥短语，再对照字母表（见图 4.21），图中未在密钥短语中出现过的字母依次写在密钥短语的后面。

上述密钥短语密码中,26 个字母可以任意排列成明文字母的代替表,其密钥量高达 $26×25×\cdots×2×1$。

要破译这样的密码体制,逐一地试,就是用计算机也不行,但可以用统计方法进行破译。

明文序列	A	B	C	D	E	F	G	H	I	J	K	L	M	N	O	P	Q	R	S	T	U	V	W	X	Y	Z
密文序列	V	W	X	Z	I	N	F	O	R	M	A	T	S	E	C	U	Y	B	D	G	H	J	K	L	P	Q

图 4.21　字母表

4.6.2　置换法

置换密码是将明文字母用密文字母替换,按某种规律改变明文字母的排列位置,即重排明文字母的顺序,使人看不出明文的原意,达到加密的效果。

单表代替密码体制无法抗拒统计分析的攻击,其基本原因在于明文的统计规律会在密文中反映出来;采用多表代替密码体制,可以在密文中尽量抹平明文的统计规律;一般采用较少数量的代替表周期性地重复使用,如著名的维吉尼亚密码。

维吉尼亚密码:包括了 26 行字母表,每一行都由前一行向左偏移一位得到。具体使用哪一行字母表进行编译是基于密钥进行的,在过程中会不断地变换。

4.7　近代密码学

随着 20 世纪初数学的发展,密码学逐渐进入近代密码阶段。这一时期的密码技术开始利用数学工具进行加密,如频率分析、线性代数和概率论等。近代密码学的发展历程详细描述了从 20 世纪初到 20 世纪 50 年代期间密码技术的演变和进步。这一时期标志着密码学从古典密码学向现代密码学的过渡,出现了许多重要的加密算法和原理,并对后来的密码学发展产生了深远的影响。

首先,在加密方式上,近代密码学开始超越简单的替代和置换方法,引入了更复杂的加密算法。这些算法通常采用多种技术的结合,以提高密码的安全性和破解难度。例如,多表代换密码(如 Vigenère 密码和 Hill 密码)通过使用多个替换表来加密明文,增加了密码的复杂性。此外,还有一些密码算法开始利用数学原理,如代数和密码分析技术,来增强密码的安全性。

其次,近代密码学的发展也体现在密码设备的进步上。随着科技的发展,密码加密开始依赖于机械或电动设备,如 Enigma 密码机。密码机是一种把明文情报转换为密文的机械设备,采用机械或电动机械实现其最基本的东西是转轮机,当转轮机静止时,相当于单表代替;转轮机转动时,相当于多表代替。这些设备通过内置复杂的加密算法和密钥系统,使得加密过程更加高效和安全。然而,这些设备也面临着被破解的风险,因此密码学家们不断改进设备的设计和加密算法,以提高密码的安全性。

另外,近代密码学的发展还受到了密码分析和破解技术的挑战。随着密码的复杂化,破解者们也不断改进破解技术和工具。这一时期的密码分析主要包括频率分析、模式识别和统计分析等方法。这些方法通过对密文的分析和统计,试图揭示出加密算法的规律和密钥,从而破解密码。密码学家们针对这些破解技术,不断改进加密算法和密钥管理,以提高密码的安全性。

最后,近代密码学的发展还受到了密码学原理和理论的研究和推动。密码学家们开始深入研究密码学的基本原理和数学模型,提出了许多重要的密码学概念和理论。这些理论和概念为后来的密码学发展提供了重要的基础和支持,推动了密码学的不断进步和创新。

总的来说,近代密码学的发展体现在加密方式的多样化和复杂化、密码设备的进步、密码分析和破解技术的挑战以及密码学原理和理论的研究和推动等多个方面。这一时期的密码学发展为现代密码学奠定了基础,并为我们今天的通信和数据安全提供了重要的保障。

4.8　现代密码学

现代密码学最具代表性的两大成就:

(1)依据信息论创始人香农提出的"多重加密有效性理论"创立的数据加密标准——DES,公开算法的所有细节。

(2)公开密钥密码体制的新思想(密码算法和加密密钥均公开),标志着现代密码学的诞生。

4.8.1　密钥体制

(1)秘密密钥体制。秘密密钥体制也称单密钥体制。加密用的密钥和解密用的密钥完全相同,或虽然不同,但一种密钥可以很容易地从另一种密钥推导出来,如 DES。

(2)公开密钥密码体制。公开密钥密码体制也称双密钥密码体制或非对称密码体制,其密钥成对出现,一个为加密密钥,另一个为解密密钥,从其中一个密钥中不能推算出另一个密钥。加密密钥和算法公布于众,任何人都可以来加密明文,但只有用解密密钥才能够解开密文,如 RSA。

公钥密码体制的概念是在解决单钥密码体制中最难解决的两个问题时提出的。一是密钥分配,两个密钥;二是数字签名,确认双方的身份。

密钥管理包括密钥的产生、分配、注入、存储、使用和销毁,其中密钥的分配最为关键,因此,密码系统的强度依赖于密钥分配技术。

4.8.2　公钥密码系统

公钥密码系统是一种加密通信的方法,它使用了一对密钥:公钥和私钥。公钥用于加密数据,私钥用于解密数据。

加密过程如下：

接收方生成一对密钥：公钥和私钥，接收方将公钥发送给发送方，而私钥保密不公开，发送方使用接收方的公钥对要发送的数据进行加密，发送方将加密后的数据发送给接收方。

解密过程如下：

接收方使用自己的私钥对接收到的加密数据进行解密，接收方得到解密后的原始数据。

公钥密码系统的加密原理基于数学上的难题，例如大素数的因数分解问题或离散对数问题。这些问题在计算上是非常困难的，因此可以保证加密的安全性。发送方使用接收方的公钥进行加密，而只有接收方拥有私钥可以解密数据。

公钥密码系统的优点是，发送方不需要事先与接收方共享密钥，因为公钥是公开的。这使得公钥密码系统在安全通信中非常有用。

对称密钥密码技术从加密模式上可分为分组密码与序列密码两类；传统方法中通过使用简单的算法，依靠增加密钥长度提高安全性；现代密码则把加密算法搞得尽可能复杂，即使获得大量密文，也无法破译出有意义的明文。

分组密码的工作方式是将明文分成固定长度的组（如 64 位一组），用同一密钥和算法对每一组加密，输出固定长度的密文。目前著名的分组密码算法有 DES、IDEA、Blowfish、RC4、RC5、FEAL 等。DES 在第五章有详细介绍。

序列密码的主要原理是：通过有限状态机产生性能优良的伪随机序列，使用该序列加密信息流，逐位加密得到密文序列。A5 是用于 GSM 加密的序列密码，被用于加密从移动终端到基站的连接。

4.8.3　认证与数字签名

为了区分合法用户和非法使用者，我们需要对用户进行认证，认证技术主要就是解决网络通信过程中双方的身份认可，数字签名作为身份认证技术中的一种具体技术，还可用于通信过程中的不可抵赖要求的实现。

通过口令进行身份认证是最常用的一种认证方式，用于操作系统登录等，但是使用这种以静态口令为基础的认证方式存在很多问题。为了解决静态口令的诸多问题，安全专家提出了一次性口令的密码体制，以保护关键的计算资源，其主要思路是在登录过程中加入不确定因素，使每次登录过程中传送的信息都不相同，以提高登录过程安全性。

数字签名是指使用密码算法对待发的数据进行加密处理，生成一段信息，附着在原文上一起发送，接收方对其进行验证，判断原文真伪。

数字签名由公钥密码发展而来，在网络安全（包括身份认证、数据完整性、不可否认性以及匿名性等）方面有着重要应用。

认证和数字签名是确保通信安全和验证身份的重要过程。下面是认证和数字签名的一般过程。

（1）认证过程。用户 A 向认证服务器发送身份认证请求。认证服务器验证用户 A 的身份，通常通过用户名和密码、生物特征或其他身份验证方法。如果身份验证成功，认证服务器向用户 A 颁发一个认证令牌（也称为令牌或票据）。用户 A 使用该令牌作为身份凭证，向其他服务或资源请求访问。

（2）数字签名过程。用户 A 使用私钥对要签名的数据进行加密处理，生成数字签名。用户 A 将数字签名与原始数据一起发送给用户 B。用户 B 使用用户 A 的公钥对接收到的数字签名进行解密，得到原始数据。用户 B 使用相同的哈希函数对原始数据进行哈希处理。用户 B 比较解密后的数字签名与哈希后的原始数据的哈希值是否匹配。如果匹配，就说明数字签名有效，数据未被篡改；如果不匹配，就说明数字签名无效，数据可能被篡改。

数字签名的过程利用了公钥密码系统的原理，确保了数据的完整性和身份验证。用户 A 使用私钥对数据进行签名，只有用户 A 的公钥能够解密签名，才能验证数据的真实性和完整性。这样，接收方可以确信数据来自用户 A，并且在传输过程中没有被篡改。

4.8.4　消息认证码

消息认证码（Message Authentication Code，MAC）是基于密钥和消息摘要所获得的一个值，可用于数据源发送方的认证和完整性校验。

验证过程：

A 和 B 共享一个密钥 K，A 计算散列值 $MAC = H(M, K)$，附在 M 之后发送给 B，$MAC = MD5(M+K)$，$MAC = DESK(MD5(M))$，B 收到 M 和 $H(M,K)$ 之后计算 $H(M, K)$ 并与收到的 MAC 比较。

消息认证码与数字签名的区别如下。

（1）使用密钥的方式不同。

MAC 使用对称密钥算法，发送方和接收方共享相同的密钥。

数字签名使用非对称密钥算法，发送方使用私钥进行签名，接收方使用公钥进行验证。

（2）密钥管理不同。

MAC 使用共享密钥，发送方和接收方需要事先共享密钥。

数字签名使用公钥和私钥，发送方保留私钥，而公钥可以公开。

（3）目的不同。

MAC 的主要目的是验证消息的完整性和真实性，确保消息未被篡改。

数字签名的主要目的是验证消息的完整性、真实性和身份认证，确保消息未被篡改，并且可以追溯到特定的发送方。

（4）安全性属性不同。

MAC 提供消息完整性和真实性的保护，但不提供不可抵赖性。发送方可以否认生成了特定的 MAC。

数字签名提供消息完整性、真实性和身份认证的保护，并且具有不可抵赖性。发送方无法否认生成了特定的数字签名。

（5）使用场景不同。

MAC 通常用于对称密钥环境下的通信，例如局域网或 VPN 等。

数字签名通常用于非对称密钥环境下的通信，例如公共网络或电子商务等。

总的来说，MAC 适用于双方共享密钥的场景，主要用于验证消息的完整性和真实性。数字签名适用于公钥加密环境，提供了更强的身份认证和不可抵赖性。

4.9 密码学新技术

4.9.1 量子密码

量子密码突破了传统加密方法的束缚,以量子状态作为密钥,具有不可复制性,可以说是"绝对安全"的,量子密码是真正无法破译的密码。

2016年1月,"在100千米内光纤网络量子密码基本上已可以实际应用,正在处于试用阶段。"中国科学院院士、著名量子信息学家郭光灿在云南科学大讲坛演讲时如是说。

2020年3月3日,济南量子技术研究院王向斌教授、刘洋研究员与中国科学技术大学潘建伟院士团队再次合作,实现了509千米真实环境光纤的双场量子密钥分发(TF-QKD)。

4.9.2 生物识别技术

生物识别技术是利用人体生物特征进行身份认证的一种技术。核心在于如何获取这些生物特征,并将其转换为数字信息,存储于计算机中,利用可靠的匹配算法来完成验证与识别个人身份的过程。所有的生物识别系统都包括如下几个处理过程:采集、解码、比对和匹配。当前各类生物识别技术的发展现状如图4.22、图4.23所示。

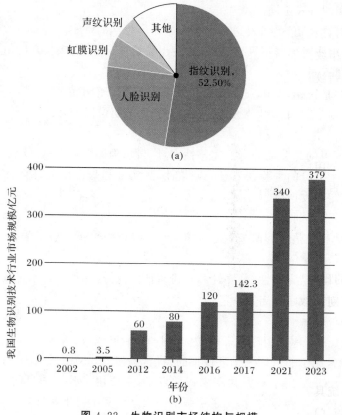

图4.22 生物识别市场结构与规模

(a)2022年中国生物识别技术细分市场结构;(b)我国生物识别技术行业市场规模

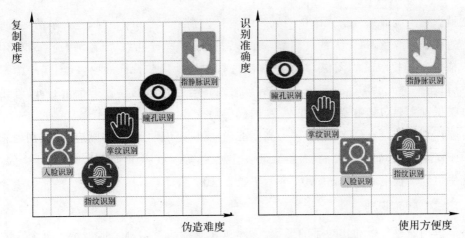

图 4.23　各种生物识别方式的复制难度和准确度

4.9.2.1　指纹识别

指纹识别系统是用于验证和识别人类指纹的唯一模式。它基于指纹的独特性和稳定性,将指纹图像与预先存储的指纹模板进行比对,以进行身份认证或身份识别。

(1)指纹识别的优点。

1)指纹是人体独一无二的特征,它们的复杂度足以提供用于鉴别的特征,可靠性高。

2)每个人的指纹是独一无二的,两人之间不存在相同的手指指纹。

3)每个人的指纹是相当固定的,不会随着人的年龄的增长或身体健康程度的变化而变化。

4)模板库存放指纹图中提取的关键特征,存储量较小。

(2)指纹识别系统的工作原理。

1)数据采集。用户将手指放置在指纹传感器上,传感器会采集指纹图像。指纹图像通常由细节和特征点组成,如弯曲的线条、分叉和岔开的纹路等。

2)特征提取。采集到的指纹图像会经过预处理和特征提取的步骤,提取出指纹的关键特征,如细节和纹线的方向、长度、间距等。

3)模板生成。从特征提取的结果中生成一个唯一的指纹模板,该模板通常是一个数学表示,用于后续的比对和识别。

4)比对与识别。当有新的指纹图像需要验证或识别时,系统会将其与存储的指纹模板进行比对。比对过程通常涉及特征匹配算法,通过计算相似度或匹配度来确定是否匹配。

5)决策。根据比对结果,系统会做出决策,判断指纹是否匹配。如果匹配成功,认证或识别就通过,否则被拒绝。

指纹识别系统具有许多优点,如高准确性、易于使用、不易伪造等。它广泛应用于各个领域,如手机解锁、门禁系统、边境安全、法医学等,为身份验证和访问控制提供了一种方便和可靠的解决方案。

4.9.2.2 虹膜识别

虹膜识别系统通过分析人眼中的虹膜图案来识别个体身份。虹膜是人眼的一部分,具有独特的纹理和颜色,每个人的虹膜都是独一无二的,类似于指纹。虹膜识别系统使用摄像机或扫描仪来捕捉眼睛的图像,并使用算法进行图像处理和特征提取,以创建一个虹膜模板。然后,当一个人试图通过系统时,其虹膜图像将与已存储的模板进行比对,以验证其身份。虹膜识别主要包括虹膜识别技术、视网膜识别技术、角膜识别技术。

虹膜识别系统具有许多优点,包括高度准确性、快速识别速度和非接触式识别。它被广泛应用于安全领域,如边境控制、身份验证、金融交易等。虹膜识别系统也被用于个人设备,如智能手机和平板电脑,以提供更安全的解锁方式。

4.9.2.3 手形识别

手形识别通过分析和比对手的形状、纹理和其他特征来识别个体身份。每个人的手形都是独特的,类似于指纹和虹膜。手形识别系统使用摄像机或传感器来捕捉手的图像或数据,并使用算法进行图像处理和特征提取,以创建一个手形模板。然后,当一个人试图通过系统时,其手形图像或数据将与已存储的模板进行比对,以验证其身份。

手形识别主要有以下三种技术:

(1)扫描整个手的手形的技术。

(2)扫描单个手指的技术。

(3)扫描食指和中指两个手指的技术。

手形识别系统具有一些优点,如非接触式识别、易于使用和较高的准确性。它可以应用于各种场景,如门禁系统、时间出勤记录、支付验证等。手形识别技术还可以用于辅助残障人士,提供更便捷的身份验证方式。手的形状和纹理可能会受到环境因素、姿势变化和光照条件的影响,这可能会影响识别的准确性。

4.9.2.4 面部识别

面部识别通过分析和比对人脸的特征来识别个体身份。面部识别系统使用摄像机或摄像头来捕捉人脸图像或视频,并使用算法进行图像处理和特征提取,以创建一个人脸模板。采集处理的方法主要是标准视频和热成像技术,然后,当一个人试图通过系统时,其人脸图像或视频将与已存储的模板进行比对,以验证其身份。

面部识别系统具有许多优点,如非接触式识别、快速识别和广泛的应用领域。它被广泛应用于安全领域,如边境控制、身份验证、监控系统等。面部识别技术也被用于个人设备,如智能手机和平板电脑,以提供更安全的解锁方式。人脸图像可能会受到环境因素、姿势变化、光照条件和遮挡物的影响,这可能会影响识别的准确性、常规加密和消息的保密性。

4.9.2.5 语音识别

语音识别通过将语音信号转换为文本或命令来识别和理解人类的语音输入。语音识别系统使用麦克风或其他音频设备来捕捉人类的语音,并使用算法和模型来将语音信号转换为可理解的文本形式。声音识别不对说出的词语本身进行辨识,而是通过分析语音的唯一特性(例如发音的频率),来识别出说话的人。

语音识别技术在许多领域都有广泛的应用。例如,语音助手(如 Siri、Alexa 和 Google Assistant)使用语音识别来理解用户的指令和请求。语音识别还可以应用于自动转录、语音命令控制、电话客服、语音搜索等领域。

语音识别系统的准确性和性能取决于许多因素,包括语音质量、语速、口音、背景噪声等。近年来,随着深度学习和神经网络的发展,语音识别的准确性和性能有了显著提升。

4.9.2.6　静脉识别

静脉识别系统是通过静脉识别仪取得个人静脉分布图,依据专用比对算法从静脉分布图提取特征值,从而确认身份。

静脉识别流程:

(1)注册。用户需要将手指或手掌放置在静脉识别设备上进行注册。设备会使用红外光或近红外光来捕捉静脉图像。

(2)静脉图像采集。设备会采集手指或手掌上的静脉图像。这些图像通常是通过红外光或近红外光透过皮肤来捕捉的。

(3)特征提取。从采集到的静脉图像中,识别系统会提取出静脉模式的特征。这些特征可以包括静脉的分支模式、交叉点和曲线等。

(4)特征匹配。在身份验证过程中,用户需要再次将手指或手掌放置在设备上进行验证。设备会采集新的静脉图像,并提取特征。

(5)比对与验证。系统会将新采集到的静脉特征与之前注册的特征进行比对。如果两者匹配度高于设定的阈值,则验证成功,否则验证失败。

静脉识别技术具有高度的准确性和安全性,因为静脉模式是独特且难以伪造的。它被广泛应用于身份验证、门禁控制、支付系统等领域。

4.10　数　据　加　密

4.10.1　数据库

数据库是“按照数据结构来组织、存储和管理数据的仓库”;是一个长期存储在计算机内的、有组织的、可共享的、统一管理的大量数据的集合;是以一定方式储存在一起、能与多个用户共享、具有尽可能小的冗余度、与应用程序彼此独立的数据集合,可视为电子化的文件柜——存储电子文件的处所,用户可以对文件中的数据进行新增、查询、更新、删除等操作;是所有信息系统的核心。数据库的安全通常是指其中所存数据的安全,是网络安全、信息安全的重要组成部分。而对数据库中数据的加密保护,是数据库安全的重要内容。

对数据库进行加密能够有效地保证数据的安全,可以设定不需要了解数据内容的系统管理员不能看到明文,大大提高了关键数据的安全性。

4.10.2 数据库加密方法

数据库加密系统的要求是:数据库加密以后,数据量不应明显增加,某一数据加密后,其数据长度不变,加/解密速度要足够快,数据操作响应时间应该让用户能够接受。改变对分组密码算法传统的应用处理算法,使其加密后密文长度不变,就能满足以上几点要求。

在使用分组密码时,对明文尾部不满一个整组的碎片通常采用填充随机数的办法将其扩充为一个整组,然后进行正常加密,这种处理方法会使数据扩张,不适用于数据库加密。

对数据库数据的加密可以在三个不同层次实现:

(1)OS层。由于无法辨认数据库文件中的数据关系,从而无法产生合理的密钥,也无法进行合理的密钥管理和使用,因此,在OS层对数据库文件进行加密,对于大型数据库来说,目前还难以实现。

(2)DBMS内核层。DBMS内核层加密是一种在数据库管理系统内部进行的安全措施,它选择合适的加密算法,生成和管理密钥,并在写入数据库之前对数据进行加密。只有经过授权的用户能够解密和访问数据。这种加密提供了额外的安全性,但也需要权衡安全性和性能。其特点是数据在物理存取之前完成加/解密工作。

(3)DBMS外层。DBMS外层加密是一种在数据库管理系统外部进行的安全措施,它可以在应用程序层面或网络传输层面对数据进行加密,确保数据在传输和存储过程中的安全性。这种加密可以提供额外的保护,但需要在应用程序或网络层面进行实施和管理。特点是将数据库加密系统做成DBMS的一个外层工具。

4.10.3 数据库加密系统结构

数据库加密系统的结构如图4.24所示。

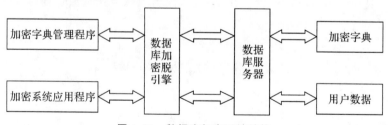

图4.24 数据库加密系统结构

4.10.4 光盘加密

光盘加密技术主要可以分为三大类:软加密、硬加密、物理结构加密。

(1)软加密。通过修改ISO结构,实现"垃圾档""超大容量"文件和隐藏目录等功能。修改档案的起始位置,可以实现"垃圾档"效果;设置"超大容量"文件的原理,就是把实际很小的文件修改成几百兆到上千兆的超大文件;隐藏目录法就是把目录隐含掉。

(2)硬加密。采用硬加密的光盘,在运行时需要某些特定的设备。如需要插入加密狗、特定的解码电路、特定光驱或某播放设备才能使用。这种加密方法的技术难度高、加密强度好,但使用不方便且加密费用高。光盘狗通过识别光盘上的特征来区分是原版盘还是盗版盘。

(3)物理结构加密。物理结构加密技术,就是改变光盘的物理结构,主要原理是利用特殊的光盘母盘上的某些特征信息是不可再现的,而且这些特征信息大多是光盘上非数据性的内容,位于光盘复制时复制不到的地方。

光盘刻录工具在进行光盘复制的过程中,会被系统检测成"坏扇区"而中断复制,合法软件因此得到了保护。

但是母盘设备价值昂贵,改动母盘机,首先会产生额外费用,其次操作不便且耽误软件产品的上市时间,最后在对抗虚拟光驱类程序的复制方式上,也显示出不足。

第5章 常规加密和消息的保密性

5.1 密码攻击

5.1.1 密码攻击分类

（1）唯密文攻击（ciphertext only）。

特点：①只知道算法与一些密文；②利用统计方法；③需要能够识别明文。

（2）已知明文攻击（known plaintext）。

特点：①知道一些明文/密文对；②利用已知的明文密文对进行攻击。

（3）选择明文攻击（chosen plaintext）。

特点：能够选择明文并得到响应的密文——利用算法的结构进行攻击。

（4）选择密文攻击（chosen ciphertext）。

特点：①能够选择密文并得到对应的明文；②利用对算法结构的知识进行攻击。

5.1.2 密码攻击概述

攻击者对密码系统的4种攻击类型中，类型的划分由攻击者可获取的信息量决定。其中，最困难的攻击类型是唯密文攻击，这种攻击的手段一般是穷搜索法，即对截获的密文依次用所有可能的密钥试译，直到得到有意义的明文。只要有足够多的计算时间和存储容量，原则上穷搜索法总是可以成功的。

但实际中，任何一种能保障安全要求的实用密码都会设计得使这一方法在实际上是不可行的。敌手因此还需对密文进行统计测试分析，为此需要知道被加密的明文的类型，比如英文文本、法文文本、MD-DOS 执行文件、Java 源列表等。

唯密文攻击时，敌手知道的信息量最少，因此最易抵抗。然而，很多情况下，敌手可能有更多的信息，也许能截获一个或多个明文及其对应的密文，也许知道消息中将出现的某种明文格式。

例如 ps 格式文件开始位置的格式总是相同的，电子资金传送消息总有一个标准的报头或标题。这时的攻击称为已知明文攻击,敌手也许能够从已知的明文被变换成密文的方式得到密钥。

与已知明文攻击密切相关的一种攻击法称为可能字攻击。

例如对一篇散文加密,敌手可能对消息含义知之甚少。然而,如果对非常特别的信息加密,敌手也许能知道消息中的某一部分。例如,发送一个加密的账目文件,敌手可能知道某些关键字在文件报头的位置。又如,一个公司开发的程序的源代码中,可能在某个标准位置上有该公司的版权声明。

如果攻击者能在加密系统中插入自己选择的明文消息,则通过该明文消息对应的密文,有可能确定出密钥的结构,这种攻击称为选择明文攻击。

选择密文攻击是指攻击者利用解密算法,对自己所选的密文解密出相应的明文。

还有两个概念值得注意。

第一,一个加密算法是无条件安全的,如果算法产生的密文不能给出唯一决定相应明文的足够信息,此时无论敌手截获多少密文、花费多少时间,都不能解密密文。

第二,Shannon 指出,仅当密钥至少和明文一样长时,才能达到无条件安全。也就是说除了一次一密方案外,再无其他加密方案是无条件安全的。

因此,加密算法只要满足以下两条准则之一就行:

(1)破译密文的代价超过被加密信息的价值。

(2)破译密文所花的时间超过信息的有用期。

满足以上两个准则的加密算法称为计算上安全的。

无条件安全(unconditional security):由于密文没有泄露足够多的明文信息,无论计算能力有多大,都无法由密文唯一确定明文。

计算安全(computational security):在有限的计算资源条件下,密文不能破解(如破解的时间超过地球的年龄)。

5.1.3　穷密钥搜索

穷密钥搜索理论上很简单,就是对每个密钥进行测试。穷密钥搜索是最基本的攻击方法,复杂度由密钥量的大小决定,但前提是假设可以对正确的明文能够识别。穷密钥搜索假设的时间表见表 5.1。

表 5.1　穷密钥搜索假设的时间表

密钥大小/bit	搜索时间(1μs/次)	搜索时间(1μs/10^6 次)
32	35.8 mins	2.15 msec
40	6.4 days	550 msec
56	1 140 yeas	10.0 hours
64	~500 000 yeas	107 days
128	5×10^{24} yeas	5×10^{18} years

常用的攻击方法:差分分析(biham,Shamir)、线性分析。

5.2　数据加密标准 DES

DES 算法于 1975 年 3 月公开发表,1977 年 1 月 15 日由美国国家标准局颁布为数据加密标准(Data Encryption Standard),于 1977 年 7 月 15 日生效。

美国国家安全局(NSA)参与了美国国家标准局(NBS)制定数据加密标准的过程。NBS 接受了 NSA 的某些建议,对算法做了修改,并将密钥长度从 LUCIFER 方案中的 128 位压缩到 56 位。

1979 年,美国银行协会批准使用 DES。

1980 年,DES 成为美国标准化协会(ANSI)标准。

1984 年 2 月,ISO 成立的数据加密技术委员会(SC20)在 DES 基础上制定数据加密的国际标准工作。

分组加密算法:明文和密文为 64 位分组长度。

密钥长度为 56 位,但每个第 8 位为奇偶校验位,可忽略。密钥可为任意的 56 位数,但存在弱密钥,容易避开采用混乱和扩散的组合,每个组合先替代后置换,共 16 轮,只使用了标准的算术和逻辑运算,易于实现。

对称算法示意图如图 5.1 所示。

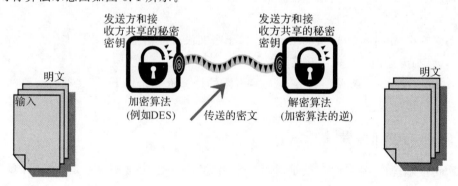

图 5.1　对称加密算法示意图

5.3　DES 加密过程

5.3.1　DES 算法概述

DES 加密过程由六部分组成,分别是输入 64 bit 明文数据、初始置换 IP、在密钥控制下 16 轮迭代、交换左右 32 bit、初始逆置换 IP^{-1}、输出 64 bit 密文数据。加密过程如图 5.2 所示。

图 5.2　DES **加密过程**

其中，16 轮迭代过程如图 5.3 所示。

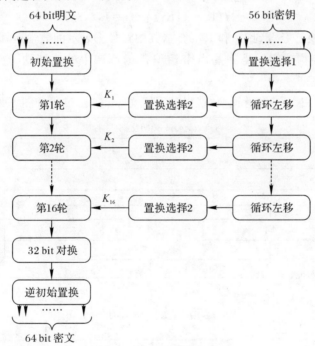

图 5.3　DES16 **轮迭代过程**

DES 加密算法的一般描述：

令 i 表示迭代次数，$\oplus$ 表示逐位模 2 求和，f 为加密函数：

$$L_0 R_0 \leftarrow IP(<64bit \text{ 输入码}>)$$

$$L_i \leftarrow R_{i-1} \quad i=1,2,\cdots,16$$

$$R_i \leftarrow L_{i-1} \oplus f(R_{i-1}, K_i) \quad i=1,2,\cdots,16$$

$$<64bit \text{ 密文}> \leftarrow IP^{-1}(R_{16} L_{16})$$

令 i 表示迭代次数，$\oplus$ 表示逐位模 2 求和，f 为加密函数：

$$R_{16}L_{16} \leftarrow IP(<64bit\ 密文>)$$
$$R_{i-1} \leftarrow L_i \quad i=16,15,\cdots,1$$
$$L_i \leftarrow R_{i-1} \bigoplus f(R_{i-1},K_i) \quad i=16,15,\cdots,1$$
$$<64bit\ 明文> \leftarrow IP^{-1}(R_0L_0)$$

5.3.2 DES 算法的实现

DES 算法实现加密需要如下三个步骤：

(1)变换明文。对给定的 64 位比特的明文 x，首先通过一个置换 IP 表来重新排列 x，从而构造出 64 位比特的 x_0，$x_0=IP(x)=L_0R_0$，其中 L_0 表示 x_0 的前 32 比特，R_0 表示 x_0 的后 32 位。

(2)按照规则迭代。

规则如下：

$$L_i=R_i-1$$
$$R_i=L_i \bigoplus f(R_i-1,K_i) \quad (i=1,2,3\cdots16)$$

经过第一步变换已经得到 L_0 和 R_0 的值，其中符号 $\bigoplus$ 表示的数学运算是异或，f 表示一种置换，由 S 盒置换构成，K_i 是一些由密钥编排函数产生的比特块。f 和 K_i 将在后面介绍。

(3)对 $L_{16}R_{16}$ 利用 IP^{-1} 作逆置换，就得到了密文 y。加密过程如图 5.4 所示。

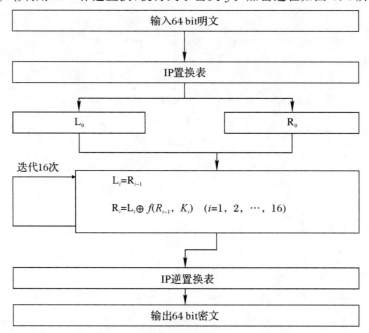

图 5.4 DES 算法实现加密的三个步骤

从图中可以看出，DES 加密需要 4 个关键点：①IP 置换表和 IP^{-1} 逆置换表。②函数 f。③子密钥 K_i。④S 盒的工作原理。

输入的 64 位数据按置换 IP 表进行重新组合，并把输出分为 L_0、R_0 两部分，每部分各长

32 位,其 IP 置换表见表 5.2。

表 5.3　IP 置换表

58	50	12	34	26	18	10	2	60	52	44	36	28	20	12	4
62	54	46	38	30	22	14	6	64	56	48	40	32	24	16	8
57	49	41	33	25	17	9	1	59	51	43	35	27	19	11	3
61	53	45	37	29	21	13	5	63	55	47	39	31	23	15	7

将输入 64 bit 的第 58 位换到第一位,第 50 位换到第二位,依此类推,最后一位是原来的第 7 位。L_0、R_0 则是换位输出后的两部分,L_0 是输出的左 32 位,R_0 是右 32 位。比如:置换前的输入值为 $D_1 D_2 D_3 \cdots D_{64}$,经过初始置换后的结果为:$L_0 = D_{58} D_{50} \cdots D_8$,$R_0 = D_{57} D_{49} \cdots D_7$。

经过 16 次迭代运算后得到 L_{16}、R_{16},将此作为输入,进行逆置换,即得到密文输出。逆置换正好是初始置的逆运算,例如,第 1 位经过初始置换后,处于第 40 位,而通过逆置换 IP^{-1},又将第 40 位换回到第 1 位,其逆置换 IP^{-1} 规则见表 5.3。

表 5.3　逆置换表 IP^{-1}

40	8	48	16	56	24	64	32	39	7	47	15	55	23	63	31
38	6	46	14	54	22	62	30	37	5	45	13	53	21	61	29
36	4	44	12	52	20	60	28	35	3	43	11	51	19	59	27
34	2	42	10	50	18	58	26	33	1	41	9	49	17	57	25

函数 f 有两个输入:32 bit 的 R_{i-1} 和 48 bit 的 K_i,f 函数的处理流程如图 5.5 所示。

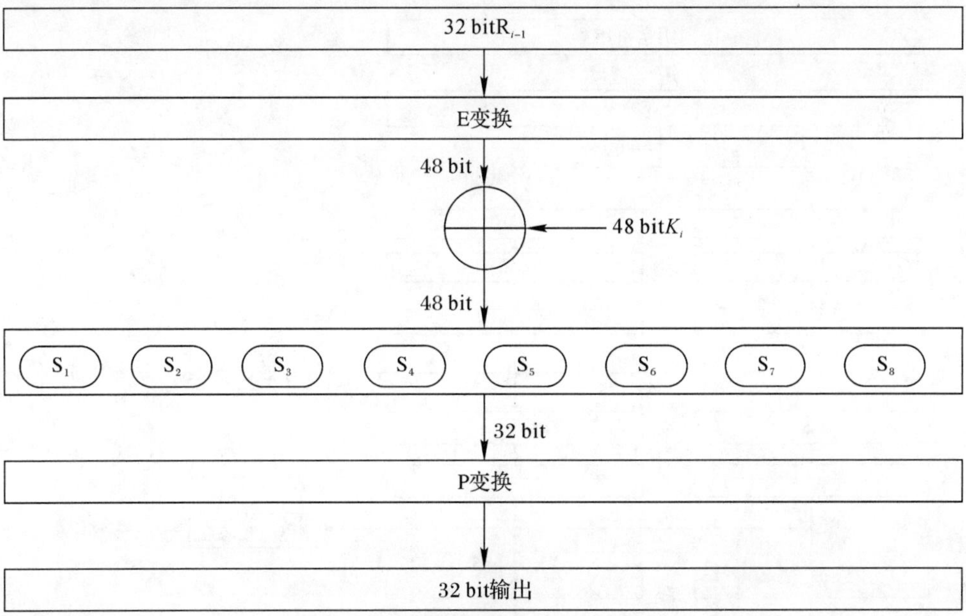

图 5.14　f 函数的处理流程

E 变换的算法是从 R_{i-1} 的 32 bit 中选取某些位,构成 48 bit。即 E 将 32 bit 扩展变换为 48 bit,变换规则根据 E 位选择表,见表 5.4。

表 5.4　E 位选择变换规则

58	50	12	34	26	18	10	2	60	52	44	36	28	20	12	4
62	54	46	38	30	22	14	6	64	56	48	40	32	24	16	8
57	49	41	33	25	17	9	1	59	51	43	35	27	19	11	3
61	53	45	37	29	21	13	5	63	55	47	39	31	23	15	7

K_i 是由密钥产生的 48 bit 比特串,具体的算法下面介绍。将 E 的选位结果与 K_i 作异或操作,得到一个 48 bit 输出。分成 8 组,每组 6 bit,作为 8 个 S 盒的输入。

每个 S 盒输出 4 bit,共 32 bit,S 盒的工作原理将在 5.7.4 小节介绍。S 盒的输出作为 P 变换的输入,P 的功能是对输入进行置换,P 换位表见表 5.5。

表 5.5　P 换位表

32	1	2	3	4	5	4	5	6	7	8	9	8	9	10	11
12	13	12	13	14	15	16	17	16	17	18	19	20	21	20	21
22	23	24	25	24	25	26	27	28	29	28	29	30	31	32	1

5.3.3　子密钥 k_i

假设密钥为 K,长度为 64 位,但是其中第 8、16、24、32、40、48、64 用作奇偶校验位,实际上密钥长度为 56 位。K 的下标 i 的取值范围是 1~16,用 16 轮来构造。构造过程如图 5.6 所示。

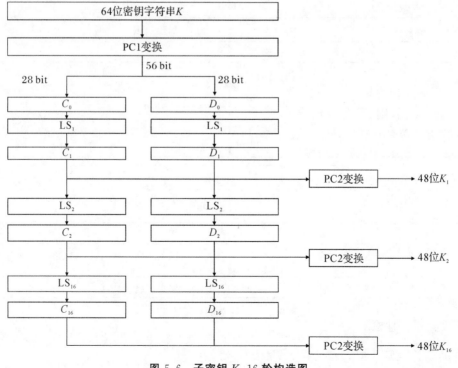

图 5.6　子密钥 K_i 16 轮构造图

首先,对于给定的密钥 K,应用 PC1 变换进行选位,选定后的结果是 56 位,设其前 28 位为 C_0,后 28 位为 D_0。PC1 选位见表 5.6。

表 5.6　PC1 变换进行选位表

57	49	41	33	25	17	9	1	58	50	42	34	26	18
10	2	59	51	43	35	27	19	11	3	60	52	44	36
63	55	47	39	31	23	15	7	62	54	46	38	30	22
14	6	61	53	45	37	29	21	13	5	28	20	12	4

第一轮:对 C_0 作左移 LS_1 得到 C_1,对 D_0 作左移 LS_1 得到 D_1,对 C_1D_1 应用 PC2 进行选位,得到 K_1。其中 LS_1 是左移的位数,见表 5.7。

表 5.7　第一轮左移位数表

1	1	2	2	2	2	2	2	1	2	2	2	2	2	2	1

表 5.7 中的第一列是 LS_1,第二列是 LS_2,以此类推。左移的原理是所有二进位向左移动,原来最右边的比特位移动到最左边。其中 PC2 见表 5.8。

表 5.8　PC2

14	17	11	24	1	5	3	28	15	6	21	10
23	19	12	4	26	8	16	7	27	20	13	2
41	52	31	37	47	55	30	40	51	45	33	48
44	49	39	56	34	53	46	42	50	36	29	32

第二轮:对 C_1,D_1 作左移 LS_2 得到 C_2 和 D_2,进一步对 C_2D_2 应用 PC_2 进行选位,得到 K_2。如此继续,分别得到 K_3,K_4,…,K_{16}。

5.3.4　S 盒的工作原理

S 盒以 6 位作为输入,而以 4 位作为输出,现在以 S_1 为例说明其过程。假设输入为 $A=a_1a_2a_3a_4a_5a_6$,则 $a_2a_3a_4a_5$ 所代表的数是 0 到 15 之间的一个数,记为 $k=a_2a_3a_4a_5$;由 a_1a_6 所代表的数是 0 到 3 之间的一个数,记为 $h=a_1a_6$。在 S_1 的 h 行 k 列找到一个数 B,B 在 0 到 15 之间,它可以用 4 位二进制表示,为 $B=b_1b_2b_3b_4$,这就是 S_1 的输出。

DES 算法的解密过程是一样的,区别仅仅在于第一次迭代时用子密钥 K_{15},第二次 K_{14},最后一次用 K_0,算法本身并没有任何变化。DES 的算法是对称的,既可用于加密又可用于解密。

5.3.5　DES 算法的应用误区

DES 算法具有比较高的安全性,到目前为止,除用穷举搜索法对 DES 算法进行攻击外,还没有发现更有效的办法。而 56 位长的密钥的穷举空间为 2^{56},这意味着如果一台计算机的速度是每一秒检测一百万个密钥,则它搜索完全部密钥就需要将近 2 285 年的时间,这是难以实现的。当然,随着科学技术的发展,当出现超高速计算机后,我们可考虑把 DES 密钥的长度再增长一些,以此达到更高的保密程度。

5.3.6 DES算法的程序实现

根据 DES 算法的原理,可以方便地利用 C 语言实现其加密和解密算法。程序在 VC++6.0 环境下测试通过

在 VC++6.0 中新建基于控制台的 Win32 应用程序,算法如程序 proj8_1.cpp 所示。

设置一个密钥匙为数组 char key[8]={1,9,8,0,9,1,7,2},要加密的字符串数组是 str[]="Hello",利用 Des_SetKey(key) 设置加密的密钥,调用 Des_Run(str,str,ENCRYPT)对输入的明文进行加密,其中第一个参数 str 是输出的密文,第二个参数 str 是输入的明文,枚举值 ENCRYPT 设置进行加密运算。程序执行的结果如图 5.7 所示。

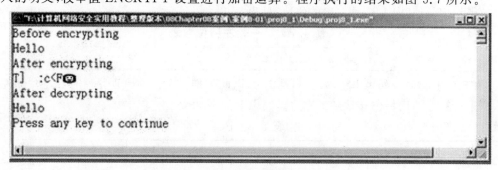

```
"F:\计算机网络安全实用教程\整理版本\08Chapter08案例\案例8-01\proj8_1\Debug\proj8_1.exe"
Before encrypting
Hello
After encrypting
T] :c<F
After decrypting
Hello
Press any key to continue
```

图 5.7 DES算法的程序执行结果

DES 中的各种置换、扩展和替代:初始置换 IP 和初始逆置换 IP^{-1} 如图 5.8 所示。

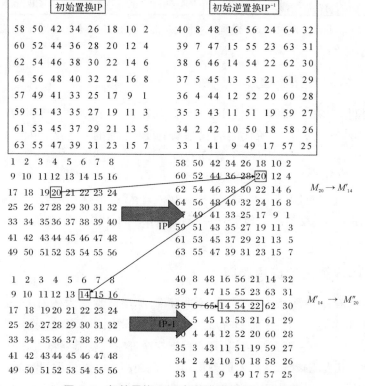

图 5.8 初始置换 IP 和初始逆置换 IP^{-1} 示意图

DES 的一轮迭代过程如图 5.9 所示。

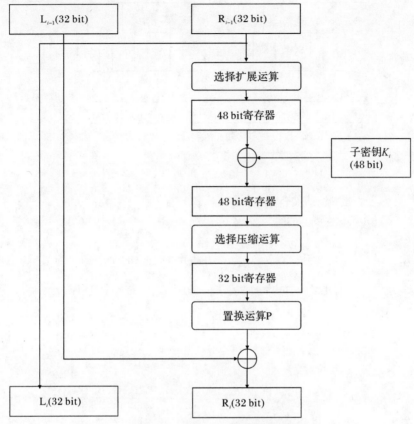

图 5.9　DES 的一轮迭代示意图

扩展置换 E 盒,32 bit 扩展到 48 bit 示意图如图 5.10 所示。

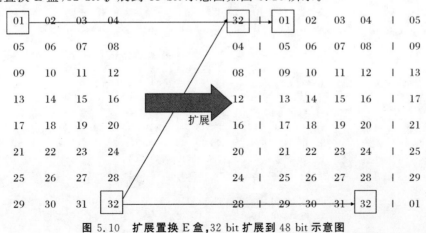

图 5.10　扩展置换 E 盒,32 bit 扩展到 48 bit 示意图

压缩替代 S 盒,48 bit 压缩到 32 bit 如图 5.11 所示。

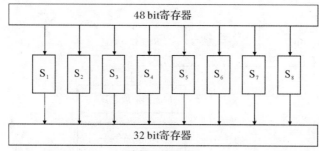

选择压缩运算S

S-盒1

14	4	13	1	2	15	11	8	3	10	6	12	5	9	0	7
0	15	7	4	14	2	13	1	10	6	12	11	9	5	3	8
4	1	14	8	13	6	2	11	15	12	9	7	3	10	5	0
15	12	8	2	4	9	1	7	5	11	3	14	10	0	6	13

S-盒2

15	1	8	14	6	11	3	4	9	7	2	13	12	0	5	10
3	13	4	7	15	2	8	14	12	0	1	10	6	9	11	5
0	14	7	11	10	4	13	1	5	8	12	6	9	3	2	15
13	8	10	1	3	15	4	2	11	6	7	12	0	5	14	9

S-盒3

10	0	9	14	6	3	15	5	1	13	12	7	11	4	2	8
13	7	0	9	3	4	6	10	2	8	5	14	12	11	15	1
13	6	4	9	8	15	3	0	11	1	2	12	5	10	14	7
1	10	13	0	6	9	8	7	4	15	14	3	11	5	2	12

S-盒4

7	13	14	3	0	6	9	10	1	2	8	5	11	12	4	15
13	8	11	5	6	15	0	3	4	7	2	12	1	10	14	9
10	6	9	0	12	11	7	13	15	1	3	14	5	2	8	4
3	15	0	6	10	1	13	8	9	4	5	11	12	7	2	14

2	12	4	1	7	10	11	6	8	5	3	15	13	0	14	9
14	11	2	12	4	7	13	1	5	0	15	10	3	9	8	6
4	2	1	11	10	13	7	8	15	9	12	5	6	3	0	14
11	8	12	7	1	14	2	13	6	15	0	9	10	4	5	3

12	1	10	15	9	2	6	8	0	13	3	4	14	7	5	11
10	15	4	2	7	12	9	5	6	1	13	14	0	11	3	8
9	14	15	5	2	8	12	3	7	0	4	10	1	13	11	6
4	3	2	12	9	5	15	10	11	14	1	7	6	0	8	13

4	11	2	14	15	0	8	13	3	12	9	7	5	10	6	1
13	0	11	7	4	9	1	10	14	3	5	12	2	15	8	6
1	4	11	13	12	3	7	14	10	15	6	8	0	5	9	2
6	11	13	8	1	4	10	7	9	5	0	15	14	2	3	12

13	2	8	4	6	15	11	1	10	9	3	14	5	0	12	7
1	15	13	8	10	3	7	4	12	5	6	11	0	14	9	2
1	11	4	1	9	12	14	2	0	6	10	13	15	3	5	8
2	1	14	7	4	10	8	13	15	12	9	0	3	5	6	11

图 5.11　压缩替代 S 盒,48 bit 压缩到 32 bit 示意图

S 盒的构造如图 5.12 所示。

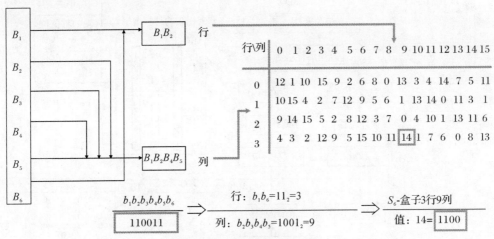

B1
B2
B3
B4
B5
B6
B1B2
行
B1B2B4B5
列
行\列
0 1 2 3 4 5 6 7 8 9 10 11 12 13 14 15
0 12 1 10 15 9 2 6 8 0 13 3 4 14 7 5 11
1 10 15 4 2 7 12 9 5 6 1 13 14 0 11 3 1
2 9 14 15 5 2 8 12 3 7 0 4 10 1 13 11 6
3 4 3 2 12 9 5 15 10 11 14 1 7 6 0 8 13
b1b2b3b4b5b6
110011
行：b1b6=11₂=3
列：b2b3b4b5=1001₂=9
S6-盒子3行9列
值：14=1100

图 5.12　S 盒的构造示意图

DES 中其他算法都是线性的，而 S 盒运算则是非线性的，S 盒不易于分析，它提供了更好的安全性，所以 S 盒是算法的关键所在。

S 盒的构造准则：

(1)S 盒的每一行是整数 0，…，15 的一个置换。

(2)没有一个 S 盒是它输入变量的线性函数。

(3)改变 S 盒的一个输入位至少要引起两位的输出改变。

(4)对任何一个 S 盒和任何一个输入 X，S(X)和 S(XÅ001100)至少有两个比特不同(这里 X 是长度为 6 的比特串)。

(5)对任何一个 S 盒，对任何一个输入对 e，f 属于{0，1}。

(6)对任何一个 S 盒，如果固定一个输入比特，来看一个固定输出比特的值，这个输出比特为 0 的输入数目将接近于这个输出比特为 1 的输入数目。

S 盒的构造要求：

(1)S 盒是许多密码算法的唯一非线性部件，因此，它的密码强度决定了整个算法的安全强度。

(2)提供了密码算法所必须的混乱作用。

如何全面准确地度量 S 盒的密码强度和设计有效的 S 盒是分组密码设计和分析中的难题。其中的困难包括非线性度、差分均匀性、严格雪崩准则、可逆性、没有陷门等。

P 盒的构造准则如图 5.13 所示。

16	07	20	21	29	12	28	17
01	15	23	26	05	18	31	10
02	08	24	14	32	27	03	09
19	13	30	06	22	11	04	25

图 5.13　P 盒的构造示意图

P 置换的目的是提供雪崩效应：明文或密钥的一点小的变动都引起密文的较大变化。

DES 中的子密钥的生成过程如图 5.14 所示。

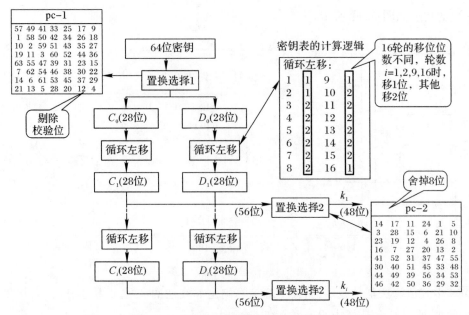

图 5.14　DES 中的子密钥的生成示意图

密钥置换算法的构造准则：

(1)设计目标:子密钥的统计独立性和灵活性。

(2)实现简单。

(3)速度。

(4)不存在简单关系(给定两个有某种关系的种子密钥,能预测它们轮子密钥之间的关系)。

(5)种子密钥的所有比特对每个子密钥比特的影响大致相同,从一些子密钥比特获得其他的子密钥比特在计算上是困难的。

(6)没有弱密钥。

5.4　DES 的工作模式

DES 的工作模式分为四种:①电子密码本(Electronic Codebook Mode,ECB);②密码分组链接(Cipher Block Chaining,CBC);③密码反馈(Cipher Feedback,CFB);④输出反馈(Output Feedback,OFB)。

5.4.1　电子密码本

电子密码本是分组密码应用的最基本形式。将明文 P 划分为长度为 w 比特的明文分组(P_1, P_2, …, P_n),如果必要需要对最后一个分组进行填充。每个明文分组使用同一个密钥 K 进行加密处理。每个 w 比特明文分组与 w 比特密文分组一一对应。电子密码本工作原理如图 5.15 所示。

$$C_i = E_K(P_i) \Leftrightarrow P_i = D_K(C_i)$$

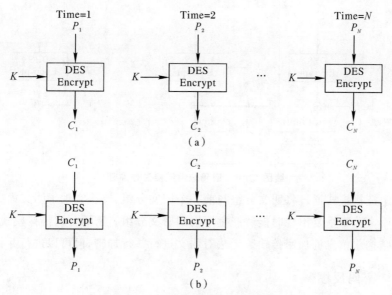

图 5.15　电子密码本工作原理

相同的明文分组必然产生相同的密文分组。对于传输大量信息(尤其是结构化程度较高的信息),电子密码本模式的安全性并不是太好。

由于电子密码本模式下明文的加密过程与密文无关,所以,可以对明文分组进行并行加密处理,以获得更高的加密速度。

5.4.2　密码分组链接

密码分组链接模式同电子密码本模式一样将明文进行分组和填充。每个明文分组使用同样的密钥 K 进行加密处理。

加密处理时,明文分组与上一次输出的密文分组进行按位二进制异或操作后,再利用基本分组加密算法进行加密。注意:在对第一个明文分组进行处理时,还没有密文分组可以利用,此时,引入一个初始向量 **IV** 与第一个明文分组进行异或。**IV** 必须为发送方和接受方共享,并且应该和密钥一样受到保护。

解密处理时,每个密文分组经过基本解密算法解密,然后将此结果与前一个密文分组按位异或以产生明文分组。密码分组链接工作原理,如图 5.16 所示。

$$C_i = E_K (P_i \oplus C_{i-1}) \Leftrightarrow P_i = D_K (C_i) \oplus C_{i-1}$$

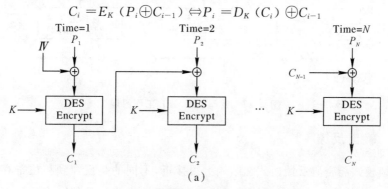

图 5.16　密码分组链接工作原理

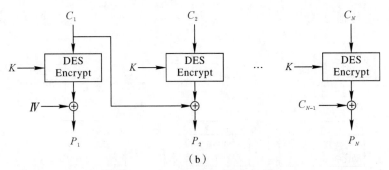

（b）

续图 5.16　密码分组链接工作原理

密码分组链接模式通过将明文分组与前一个密文分组异或,实现了明文模式的隐藏,使得当同一个明文分组重复出现时能够产生不同的密文分组。密码分组链接模式可以用于大量信息和高结构化信息的加密传输。无法对明文进行并行加密,但可以进行并行解密。

5.4.3　密码反馈

上述两种模式要求在对明文分组时进行填充,这样势必增加加密和传输的开销,这种开销在对大量短小信息进行加密的情况下,尤为明显。密码反馈模式将分组密码转化为序列密码。序列密码不要求信息被填充成整数个分组。密码反馈模式实际上是利用基本分组加密模块来产生密钥流。

密码反馈加密操作:每次处理 h 位,h 位明文与 h 位伪随机密钥异或后,生成 h 位密文。将密文移入移位寄存器的低 h 位。伪随机密钥由基本分组密码模块对移位寄存器的内容加密后选取高端的 h 位而形成。

注意:解密的一方在使用基本分组密码模块时,采用的也是加密操作。密码反馈工作原理如图 5.17 所示。

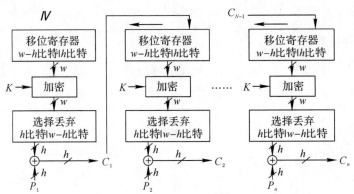

图 5.17　密码反馈 CFB 工作原理

5.4.4　输出反馈

输出反馈模式与密码反馈模式在结构上很接近,不同的是反馈到移位寄存器的不是密文,而是选择函数的输出。输出反馈模式优于密码反馈模式的是传输中的位出错只会影响一次解密,而不会传播。输出反馈工作原理如图 5.18 所示。

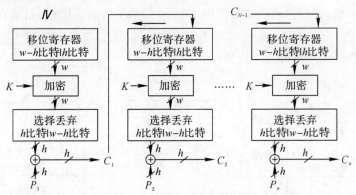

图 5.18　输出反馈工作原理

输出反馈模式的优点:传输中的比特差错不会传播。

输出反馈模式的缺点:比密码反馈模式更容易受到报文流篡改攻击。

5.5　其他常规分组加密算法

5.2.1　国际数据加密算法

国际数据加密算法(International Data Encryption Algorithm,IDEA)是由瑞士联邦理工学院开发的用来替代 DES 的对称分组加密算法。

IDEA 是一种使用 128 bit 密钥以 64 bit 分组为单位加密数据的分组密码。

IDEA 密码强度:IDEA 算法的密码强度主要通过扰乱和扩散特性得以保证。

扰乱是指密文应该以一种复杂交错的方式依赖于明文和密钥,其目的是使确定密文统计特性与明文统计特性之间的依赖关系非常复杂。在 IDEA 中,扰乱是通过三种不同的运算实现的,每一种运算作用于两个 16 bit 的输入并产生一个 16 bit 的输出。

扩散是指每个明文比特都影响每个密文比特,并且每个密钥比特都影响每个密文比特,单个明文比特扩散到许多密文比特就隐藏了明文的统计特性。在 IDEA 中,扩散由被称为乘积/相加(MA)结构的算法基本构建提供。MA 结构如图 5.19 所示,该结构以两个从明文得到的 16 bit 数值和两个从密钥导出的子密钥作为输入,并产生两个 16 bit 的输出。该结构在算法中重复使用次,取得了非常有效的扩散效果。

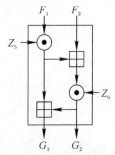

图 5.19　MA 结构的示意图

IDEA 加密解密过程:

(1)IDEA 每次加密的明文分组长度为 64 bit,加密时将这 64 bit 分为 4 个 16 bit 的子分组。

(2)IDEA 的密钥长度为 128 bit,加密时将密钥生成为 52 个 16 bit 的子密钥。

（3）IDEA 使用了 8 轮循环，8 轮循环后再经过一个输出变换形成密文。每轮循环使用 6 个 16 位的子密钥，最后的输出变换使用 4 个 16 位的子密钥。IDEA 的解密算法与加密算法相同，解密算法的 52 个子密钥由加密子密钥导出。

IDEA 加密解密过程如图 5.20 所示。

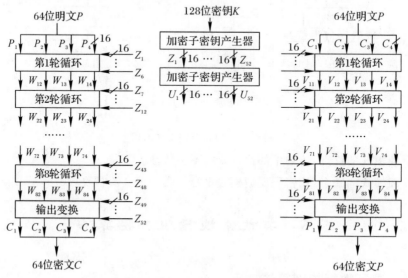

图 5.20　IDEA 加密解密过程

IDEA 总共进行 8 轮迭代操作，每轮需要 6 个子密钥，另外还需要 4 个额外子密钥，所以总共需要 52 个子密钥，这个 52 个子密钥都是从 128 位密钥中扩展出来的。

子密钥产生过程如图 5.21 所示。

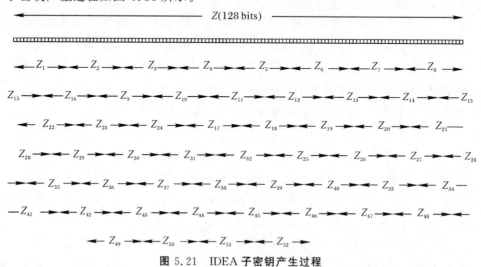

图 5.21　IDEA 子密钥产生过程

首先把输入的 Key 分成 8 个 16 位的子密钥，1～6 号子密钥供第一轮加密使用，7～8 号子密钥供第二轮使用，然后把这个 128 位密钥循环左移 25 位，这样 $Key = k_{26}k_{27}k_{28}\cdots k_{24}k_{25}$。

把新生成的 Key 再分成 8 个 16 位的子密钥,1~4 号子密钥供第二轮加密使用(前面已经提供了两个),5~8 号子密钥供第三轮加密使用。到此我们已经得到了 16 个子密钥,如此继续。当循环左移了 5 次之后已经生成了 48 个子密钥,还有 4 个额外的子密钥需要生成,再次把 Key 循环左移 25 位,选取划分出来的 8 个 16 位子密钥的前 4 个作为那 4 个额外的加密密钥,供加密使用的 52 个子密钥生成完毕。

输入的 64 位数据分组被分成 4 个 16-位子分组:x_1,x_2,x_3 和 x_4,这 4 个子分组成为算法的第一轮的输入,总共有 8 轮。在每一轮中,这 4 个子分组相互相异或,相加,相乘,且与 6 个 16-位子密钥相异或,相加,相乘。在轮与轮间,第二和第三个子分组交换。最后在输出变换中 4 个子分组与 4 个子密钥进行运算。

IDEA 加密、解密过程如下:

在每一轮中,执行的顺序如下:

(1)x_1 和第一个子密钥相乘。

(2)x_2 和第二个子密钥相加。

(3)x_3 和第三个子密钥相加。

(4)x_4 和第四个子密钥相乘。

(5)将第(1)步和第(2)步的结果相异或。

(6)将第(1)步和第(3)步的结果相异或。

(7)将第(4)步的结果与第五个子密钥相乘。

(8)将第(5)步和第(6)步的结果相加。

(9)将第(7)步的结果与第六个子密钥相乘。

(10)将第(6)步和第(8)步的结果相加。

(11)将第(1)步和第(8)步的结果相异或。

(12)将第(2)步和第(8)步的结果相异或。

(13)将第(1)步和第(9)步的结果相异或。

(14)将第(3)步和第(9)步的结果相异或。

每一轮的输出是第(10)~(13)步的结果形成的 4 个子分组。将中间两个分组分组交换(最后一轮除外)后,即为下一轮的输入。

IDEA 算法的每个循环具有相同的轮结构。IDEA 单个循环(第一个循环)的轮结构如图 5.22 所示。

经过 8 轮运算之后,有一个最终的输出变换,如图 5.23所示。

(1) x_1 和第一个子密钥相乘。

(2) x_2 和第二个子密钥相加。

(3) x_3 和第三个子密钥相加。

(4) x_4 和第四个子密钥相乘。

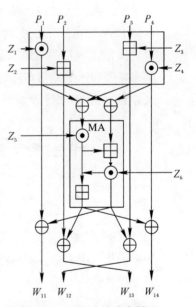

图 5.22　IDEA 的单个循环

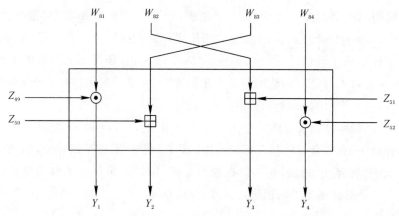

图 5.23 IDEA 的输出变换

最后,这 4 个子分组重新连接到一起产生密文。

5.5.2 Triple DES(三重 DES)

三重 DES 分为双密钥的三重 DES 和三密钥三重 DES。

5.5.2.1 双密钥三重 DES

双密钥三重 DES 利用两个不同的密钥连续三次对明文进行加密处理,试图用较短的密钥获得较高的安全性。目前的双密钥三重 DES 加密方案有两种:DES - EEE2 和DES -EDE2。

(1)DES - EEE2 的加密、解密过程。

加密操作:$C=\mathrm{EK}_1[\mathrm{EK}_2[\mathrm{EK}_1[P]]]$

解密操作:$P=\mathrm{DK}_1[\mathrm{DK}_2[\mathrm{DK}_1[C]]]$

具体的加密、解密过程如图 5.24 所示。

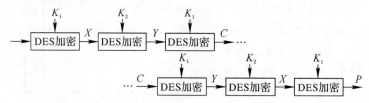

图 5.24 DES - EEE2 的加密、解密过程

(2)DES - EDE2 的加密、解密过程。

加密操作:$C=\mathrm{EK}_1[\mathrm{DK}_2[\mathrm{EK}_1[P]]]$

解密操作:$P=\mathrm{DK}_1[\mathrm{EK}_2[\mathrm{DK}_1[C]]]$

具体的加密、解密过程如图 5.25 所示。

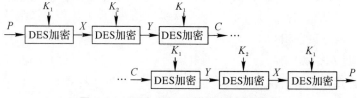

图 5.25 DES - EDE2 的加密、解密过程

DES-EDE2 模式的优点是可以解密原来单次 DES 所加密的数据。

5.5.2.2　三密钥三重 DES

研究人员认为三密钥三重 DES 用起来更加令人放心,三密钥三重 DES 使用三个不同的密钥。三密钥三重 DES 有两种模式:DES-EEE3 和 DES-EDE3。

(1)DES-EEE3 的加密、解密过程。

加密操作:$C = EK_3[EK_2[EK_1[P]]]$

解密操作:$P = DK_1[DK_2[DK_3[C]]]$

具体的加密、解密过程如图 5.26 所示。

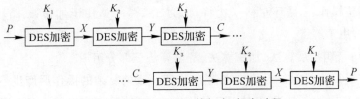

图 5.26　DES-EEE3 **的加密、解密过程**

(2)DES-EDE3 的加密、解密过程。

加密操作:$C = EK_3[DK_2[EK_1[P]]]$

解密操作:$P = DK_1[EK_2[DK_3[C]]]$

具体的加密、解密过程如图 5.27 所示。

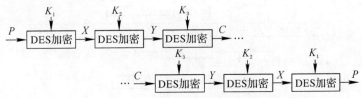

图 5.27　DES-EDE3 **的加密、解密过程**

DES-EDE3 模式也可以解密原来单次 DES 所加密的数据。

5.5.3　RC5

RC5 是 Ron Rivest 为 RSA 数据安全公司设计的一系列加密算法中的一个。RC5 于 1994 年发布,是一种快速的参数化分组密码算法。RC5 的有三个主要参数:字长 w、循环轮数 r、密钥长度 b。

(1)字长 w。单位为比特,RC5 允许的取值为 16、32 或 64 比特。RC5 的分组大小为 2^w,因此,分组大小可以取 32、64 或 128 比特。分组长度越长抵御统计分析的能力也越强,而加密函数的复杂性也会随之加大。

(2)循环轮数 r。允许的取值为 0,1,2,$\cdots$,255。循环轮数越多安全性也就越好,但要综合考虑安全性和速度。

(3)密钥长度 b。单位为字节,允许的取值为 0,1,2,$\cdots$,255,对应的二进制位是 0,8,16,$\cdots$,2 040。选择合适的密钥长度可以在速度和安全性之间进行折中。

一个特定的 RC5 算法可以表示为 RC5-$w/r/b$。例如:RC5-32/12/16 的含义是字长

32 bit(分组大小 64 bit),加密和解密算法包含 12 个循环,密钥长度为 16 字节(128 bit)。

Rivest 建议把 RC5 - 32/16/16 作为指定版本使用。

RC5 的特点:简单、加密速度快、便于软件和硬件实现,可变的参数使 RC5 能够具有较高的安全性。

RC5 算法使用以下三种基本操作:

(1)加法/减法操作:模 2^w 加法,记为十,用于加密;加法的逆操作为模 2^w 减法,记为一,用于解密。

(2)按位异或操作:按位异或操作记为 $\oplus$。

(3)循环移位操作:x 循环左移 y 比特,记为 $x<<<y$,用于加密;x 循环右移 y 比特,记为 $x>>>y$,用于解密。

RC5 算法由密钥扩展算法、加密算法、解密算法三部分组成。

(1)密钥扩展算法。RC5 对秘密密钥 K 进行一系列复杂的操作后产生 t 个子密钥。子密钥个数 t 与循环次数 r 有关;每轮循环使用 2 个子密钥,另外 2 个子密钥用于循环之外的处理,因此,共有 $t=2r+2$ 个子密钥;每个子密钥的长度为 w 比特。

RC5 密钥扩展的示意图如图 5.28 所示。

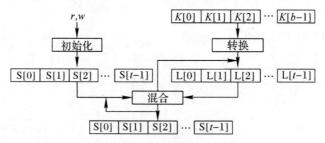

图 5.28 RC5 密钥扩展的示意图

密钥扩展由初始化、转换、混合三部分构成。

1)初始化。初始化操作根据 w 值对子密钥进行初始化,子密钥被存放在由 t 个字构成的数组中,该数组标记为 S[0],S[1],S[2],…,S[$t-1$]。初始化时,使用 w 确定两个常数:

$$P_w = \mathrm{Odd}[(e - 2)2^w]$$
$$Q_w = \mathrm{Odd}[(\varphi - 1)2^w]$$

其中,e 为自然对数的底,e=2.718281828459…;φ 为黄金分割,φ=1.618033988749…;Odd[x]为最接近 x 的奇数,若 x 为偶数,Odd[x]=$x+1$。

对于不同的 w 值,常数 P_w 与 Q_w 的取值见表 5.9。

表 5.9　常数 P_w 与 Q_w 的取值

w	16	32	64
P_w	B7E1	B7E15163	B7E15132AED2A6B
Q_w	9E37	9E3779B9	9E3779B97F4A7C15

根据常数 P_w 与 Q_w，子密钥数组 S 以下列方式进行初始化：

S[0]＝P_w；

for i＝1 step 1 to t－1 do

 S[i]＝S[i－1]＋Q_w；

end for

其中，加法是模 2^w 相加。

2）转换。转换是将 b 字节的密钥 K 赋给以字为单位的数组 L[0]，L[1]，L[2]，…，L[c－1]，其中，$c＝b/u,u＝w/8$。

将密钥 K 向数组 L 复制时，由低位到高位进行，数组 L 中剩下的未被 K 填充的字节填 0。

3）混合。初始化的数组 S 与密钥数组 L 进行混合，以产生最终的子密钥数组 S。混合时，对 S 和 L 中较大的数组进行三轮操作，而对较小的数组则可能操作更多次。

混合算法如下：

i＝j＝0；A＝B＝0；

do 3＊max(t, c) times：

 A＝S[i]＝(S[i]＋A＋B) $<<<$ 3；

 B＝L[j]＝(L[j]＋A＋B) $<<<$ (A＋B)；

 i＝(i＋1) mod t；

 j＝(j＋1) mod c；

end do

（2）加密算法。将长度为 2^w 的明文分组分为长度为 w 的 2 个字 WL(P) 和 WR(P)，将上述两部分与子密钥 S[0] 和 S[1] 进行模 2^w 的加法运算后形成初始变换的输出 LE_0 和 RE_0，然后经过 r 轮循环得到 LE_r 和 RE_r，最后将 LE_r 和 RE_r 合并便得到密文分组。

加密算法如下：

A＝WL(P)；

B＝WR(P)；

LE0＝A＋S[0]；

RE0＝B＋S[1]；

for i＝1 step 1 to r do

 LEi＝((LEi－1⊕REi－1) $<<<$ REi－1)＋S[2i]；

 REi＝((REi－1⊕LEi) $<<<$ LEi)＋S[2i＋1]；

end for

C＝LEr‖REr

（3）解密算法。将长度为 2^w 的密文分组分为长度为 w 的 2 个字 WL(C) 与 WR(C)；然后经过 r 轮循环得到 LD_0 和 RD_0；将 LD_0 和 RD_0 与子密钥 S[0] 和 S[1] 进行模 2^w 的减法运算后形成左半部分 A 和右半部分 B；最后将 A 和 B 合并便得到明文分组。

解密算法如下：

LDr＝WL(C)；

RDr ＝WR(C)；

for i＝r step 1 down to 1 do

  RDi－1＝((RDi － S[2i＋1]) ＞＞＞LDi)⊕LDi；

LDi－1＝((LDi － S[2i]) ＞＞＞ RDi－1)⊕RDi－1；

end for

A＝LD0 － S[0]；

B＝RD0 － S[1]；

P＝A‖B；

RC5 的加密、解密过程如图 5.29 所示。

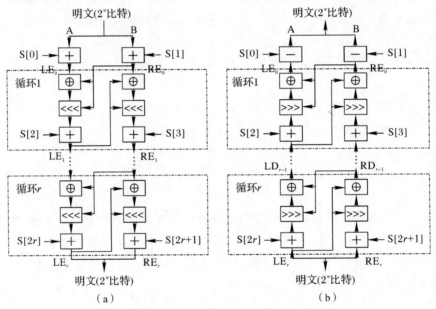

图 5.29 RC5 的加密与解密过程

(a)加密；(b)解密

5.5.4 高级加密标准 AES

AES 算法是一种循环分组密码算法。虽然 Rijndael 算法的分组长度和密钥长度可以独立地指定为 128 bit、192 bit 或 256 bit，但在 FIPS PUB 197 中规定 AES 只可以用于处理 128 bit 的分组，密钥长度可以是 128 bit、192 bit 或 256 bit，分别称为 AES－128、AES－192 和 AES－256。

明文分组要经过多次变换操作才能形成密文分组，算法每次操作的中间结果称为状态 (State)，各种变换都在状态上进行。

状态使用字节构成的一个二维数组来表示，数组含 4 行，其列数用 N_b 来表示，N_b 等于分组长度(bit)除以 32。

密钥使用一个 4 行的二维数组来表示,其列数用 N_k 来表示,N_k 等于密钥长度(bit)除以 32。

AES 在加密/解密过程中要对状态进行多轮处理,处理轮数记为 N_r,N_r 与 N_b 和 N_k 有关(由于 AES 规定分组大小为 128 bit,N_b 固定为 4)。N_r 与 N_b、N_k 之间的关系见表 5.10。

表 5.10　N_r **与** N_b、N_k **的关系**

	密钥长度 N_k	分组大小 N_b	循环轮数 N_r
AES－128	4	4	10
AES－192	6	4	12
AES－256	8	4	14

AES 在加密/解密的每一轮中使用轮函数对状态进行处理。

5.5.4.1　AES 加密算法

加密算法中的轮函数由四个面向字节的变换组成:字节替代 ByteSubs()、移行 ShiftRows()、混列 MixColumns()、加轮密钥 AddRoundKey()。

(1)字节替代 ByteSubs()。字节替代是面向字节的非线性变换,独立地对状态的每个字节进行替代,替代表(即 S 盒)是可逆的。

字节替代是用 16 进制的字节替代表实现的,见表 5.11。

表 5.13　16 **进制的字节替代表**

x	y															
	0	1	2	3	4	5	6	7	8	9	a	b	c	d	e	f
0	63	7c	77	7b	f2	6b	6f	c5	30	01	67	2b	fe	d7	ab	76
1	ca	82	c9	7d	fa	59	47	f0	ad	d4	a2	af	9c	a4	72	c0
2	b7	fd	93	26	36	3f	f7	cc	34	a5	e5	fl	71	d8	31	15
3	04	c7	23	c3	18	96	05	9a	07	12	80	e2	eb	27	b2	75
4	09	83	2c	la	1b	6e	5a	a0	52	3b	d6	b3	29	e3	2f	84
5	53	dl	00	ed	20	fc	bl	5b	6a	cb	be	39	4a	4c	58	cf
6	d0	ef	aa	fb	43	4d	33	85	45	f9	02	7f	50	3c	9f	a8
7	51	a3	40	8f	92	9d	38	f5	bc	b6	da	21	10	ff	f3	d2
8	cd	0c	13	ec	5f	97	44	17	c4	a7	7e	3d	64	5d	19	73
9	60	81	4f	dc	22	2a	90	88	46	ee	b8	14	de	5e	0b	db
a	e0	32	3a	0a	49	06	24	5c	c2	d3	ac	62	91	95	e4	79
b	e7	c8	37	6d	8d	d5	4e	a9	6c	56	f4	ea	65	7a	ae	08
c	ba	78	25	2e	lc	a6	b4	c6	e8	dd	74	If	4b	bd	8b	8a
d	70	3e	b5	66	48	03	f6	0e	61	35	57	b9	86	cl	ld	9e
e	el	f8	98	11	69	d9	8e	94	9b	le	87	e9	ce	55	28	df
f	8c	al	89	0d	bf	e6	42	68	41	99	2d	0f	b0	54	bb	16

例如,若被替代的字节是 68H,则将其替代为 45H。

(2)移行 ShiftRows()。移行变换对状态数组的每一行进行循环移位操作,循环移位的字节数

shift(r, N_b)取决于行号 r。

shift(0, 4)＝0;shift(1, 4)＝1;

shift(2, 4)＝2;shift(3, 4)＝3。

对状态数组各行进行循环移位的示意图如图 5.30 所示。

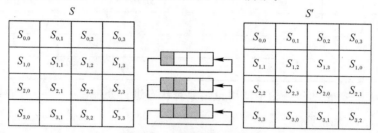

图 5.30　循环移位示意图

(3)混列 MixColumns()。在混列变换中,将状态数组的每个列视为系数在 GF(28)上的多项式,再与固定的多项式 $a(x)$进行模 $m(x)＝x^4+1$乘法。

算法给出的 $a(x)$为(系数以十六进制数表示):

$$a(x)＝\{03\}x^3+\{01\}x^2+\{01\}x+\{02\}$$

设 $S'(x)＝a(x)\oplus S(x)$,则混列运算以矩阵乘法可以表示为

$$\begin{bmatrix} S'_{0,i} \\ S'_{1,i} \\ S'_{2,i} \\ S'_{3,i} \end{bmatrix} = \begin{bmatrix} 02 & 03 & 01 & 01 \\ 01 & 02 & 03 & 01 \\ 01 & 01 & 02 & 03 \\ 03 & 01 & 01 & 02 \end{bmatrix} \begin{bmatrix} S_{0,i} \\ S_{1,i} \\ S_{2,i} \\ S_{3,i} \end{bmatrix} \quad 0 \leqslant i < N_b$$

即

$$S'_{0,i}＝\{02\} \cdot S_{0,i}\oplus\{03\} \cdot S_{1,i}\oplus\{01\} \cdot S_{2,i}\oplus\{01\} \cdot S_{3,i}$$
$$S'_{1,i}＝\{01\} \cdot S_{0,i}\oplus\{02\} \cdot S_{1,i}\oplus\{03\} \cdot S_{2,i}\oplus\{01\} \cdot S_{3,i}$$
$$S'_{2,i}＝\{01\} \cdot S_{0,i}\oplus\{01\} \cdot S_{1,i}\oplus\{02\} \cdot S_{2,i}\oplus\{03\} \cdot S_{3,i}$$
$$S'_{3,i}＝\{03\} \cdot S_{0,i}\oplus\{01\} \cdot S_{1,i}\oplus\{01\} \cdot S_{2,i}\oplus\{02\} \cdot S_{3,i}$$

其中,· 表示 GF(28)上两个多项式的模 $m(x)＝x^8+x^4+x^3+x+1$ 的乘法运算。$\{01\}$,$\{02\}$,$\{03\}$,$\{04\}$及 $S_{j,i}$表示十六进制数,长度为 8 位,可以将其表示为有限域GF(28)中的多项式形式。

例如,十六进制数 $\{57\}$（01010111）可以表示为多项式 $x^6+x^4+x^2+x+1$,$\{83\}$（10000011)可以表示为 x^7+x+1,则

$$\{57\} \cdot \{83\}＝(x^6+x^4+x^2+x+1) \cdot (x^7+x+1)＝x^7+x^6+1 \ (\text{mod } m(x))$$

即

$$01010111 \cdot 10000011 = 11000001 \ (57 \ \cdot \ 83＝c1)$$

(4)加轮密钥 AddRoundKey()。加轮密钥将状态与轮密钥简单地按位进行异或,每个轮密钥由 N_b 个字构成,每个字包含 4 个字节,加轮密钥将状态中的每一列与轮密钥对应的

字按位异或。

在进行加密变换的时候,需要将状态与轮密钥进行多轮的按位异或,加密操作共需要 N_r+1 个轮密钥。

因此,在进行加密之前先要由加密密钥 K 生成扩展密钥,扩展密钥由 $N_b \times (N_r+1)$ 个 (4 字节)字组成,每个字表示为 $w_i,0 \leqslant i < N_b \times (N_r+1)$。

然后,从扩展密钥的第一个字向后取,每 N_b 个字构成一个轮密钥。得扩展密钥的伪代码如下:

```
KeyExpansion(byte key[4 * Nk], word w[Nb * (Nr+1)], Nk)
Begin
    word temp;
    i=0;
    while (i < Nk)
      w[i]=word(key[4 * i], key[4 * i+1], key[4 * i+2], key[4 * i+3]);
      i=i+1;
    end while
    i=Nk;
    while (i < Nb * (Nr+1))
      temp=w[i-1];
      if (i mod Nk ==0)
        temp=SubWord(RotWord(temp)) xor Rcon[i/Nk];
      else if (Nk > 6 and i mod Nk=4)
        temp=SubWord(temp);
      end if
      w[i]=w[i-Nk] xor temp;
      i=i+1;
    end while
  end
```

其中,函数 SubWord() 对输入的 4 字节字中的每个字节施加 S 盒操作;函数 RotWord() 对输入的 4 字节字进行一个字节的循环左移;Rcon$[i]$ 为轮常数,由 4 字节组成。Rcon$[i]=\{xi-1,'00','00','00'\}$,其中 $x0$ 为 $'01'$,$x1$ 为 $'02'$,$x2$ 为 $'04'$,$x3$ 为 $'08'$…

AES 加密算法的伪代码如下:

```
Cipher(byte in[4 * Nb], byte out[4 * Nb], word w[Nb * (Nr+1)])
begin
  byte state[4,Nb];
  state=in;
  AddRoundKey(state, w[0, Nb-1]);
  for round=1 step 1 to Nr-1;
    SubBytes(state);
    ShiftRows(state);
    MixColumns(state);
```

```
        AddRoundKey(state，w[round * Nb，(round+1) * Nb-1]);
     end for
   SubBytes(state);
   ShiftRows(state);
   AddRoundKey(state，w[Nr * Nb，(Nr+1) * Nb-1]);
   out=state;
end
```

5.5.4.2 AES 解密算法

AES 解密算法与加密算法类似,引入了相应的逆函数:逆字节替代变换 InvSubBytes()、逆移行变换 InvShiftRows()、逆混列变换 InvMixColumns()、AddRoundKey()。

其中,AddRoundKey()是自逆的。

(1)逆字节替代变换。逆字节替代变换与字节替代变换采用类似的操作,只不过所使用的替代表完全相反。逆字节替代利用 S 盒表对状态中的每个字节进行替代。逆字节替代表见表 5.12。

表 5.12 逆字节替代表

x	y															
	0	1	2	3	4	5	6	7	8	9	a	b	c	d	e	f
0	52	09	6a	d5	30	36	a5	38	bf	40	a3	9e	81	f3	d7	fb
1	7c	e3	39	82	9b	2f	ff	87	34	8e	43	44	c4	de	e9	cb
2	54	7b	94	32	a6	c2	23	3d	ee	4c	95	ob	42	fa	c3	4e
3	08	2e	al	66	28	d9	24	b2	76	5b	a2	49	6d	8b	dl	25
4	72	f8	f6	64	86	68	98	16	d4	a4	5c	cc	5d	65	b6	92
5	6c	70	48	50	fd	ed	b9	da	5e	15	46	57	a7	8d	9d	84
6	90	d8	ab	00	8c	bc	d3	oa	f7	e4	58	05	b8	b3	45	06
7	do	2c	le	8f	ca	3f	of	02	cl	af	bd	03	01	13	8a	6b
8	3a	91	11	41	4f	67	dc	ea	97	f2	cf	ce	fo	b4	e6	73
9	96	ac	74	22	e7	ad	35	85	e2	f9	37	e8	lc	75	df	6e
a	47	fl	la	71	ld	29	c5	89	6f	b7	62	oe	aa	18	be	lb
b	fc	56	3e	4b	c6	d2	79	20	9a	db	c0	fe	78	cd	5a	f4
c	1f	dd	a8	33	88	07	c7	31	bl	12	10	59	27	80	ec	5f
d	60	51	7f	a9	19	b5	4a	od	2d	e5	7a	9f	93	c9	9c	ef
e	ao	eo	3b	4d	ae	2a	f5	bo	c8	eb	bb	3c	83	53	99	61
f	17	2b	04	7e	ba	77	d6	26	el	69	14	63	55	21	0c	7

(2)逆移行变换。逆移行变换对状态数组的每一行进行循环右移操作,循环右移的字节数 Ishift(r, N_b)取决于行号 r。

Ishift$(0,4)=0$；Ishift$(1,4)=1$；

Ishift$(2,4)=2$；Ishift$(3,4)=3$。

逆移行变换中循环移位的示意图如图 5.31 所示。

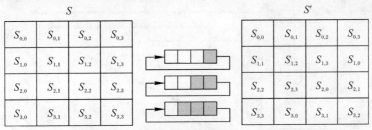

图 5.31　逆移行变换中循环移位的示意图

（3）逆混列变换。逆混列变换将状态逐列进行处理，状态的列视为有限域 GF(2^8)上的多项式，逆混列变换将状态逐列与多项式 $a-1(x)$ 进行模 x^4+1 乘法运算。

$$a-1(x)=\{0b\}x3+\{0d\}x2+\{09\}x+\{0e\}$$

设 $S'(x)=a-1(x)\oplus S(x)$，则混列运算以矩阵乘法可以表示为

$$
\begin{bmatrix} S'_{0,i} \\ S'_{1,i} \\ S'_{2,i} \\ S'_{3,i} \end{bmatrix}
=
\begin{bmatrix} 0e & 0b & 0d & 09 \\ 09 & 0e & 0b & 0d \\ 0d & 09 & 0e & 0b \\ 0b & 0d & 09 & 0e \end{bmatrix}
\begin{bmatrix} S_{0,i} \\ S_{1,i} \\ S_{2,i} \\ S_{3,i} \end{bmatrix}
\quad 0 \leqslant i < N_b
$$

AES 解密算法的伪代码如下：

```
EqInvCipher(byte in[4 * Nb], byte out[4 * Nb], word dw[Nb * (Nr+1)])
begin
byte state[4,Nb];
    state=in;
    AddRoundKey(state, dw[Nr * Nb,(Nr+1) * Nb-1]);
    for round=Nr-1 step 1 downto 1
        InvSubBytes(state);                 // 逆字节替代
        InvShiftRows(state);                // 逆移行
        InvMixColumns(state);               // 逆混列
        AddRoundKey(state, dw[round * Nb,(round+1) * Nb-1]);
    end for
    InvSubBytes(state);                     // 最后一轮不含逆混列
    InvShiftRows(state);
    AddRoundKey(state, dw[0, Nb-1]);
    out=state;                              // 输出明文分组
end
```

5.6　使用常规加密进行保密通信

在通信网络中，接线盒、工作站、服务器和网络节点是最容易受到攻击的位置，如图5.32

所示网络中易受攻击的位置。因此需要采用常规加密的方式进行保密通信,常用的常规加密方式有链路加密、节点加密和端到端加密。

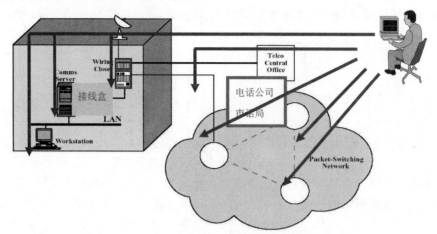

图 5.43 网络中易受攻击的位置

5.6.1 链路加密

对于在两个网络节点间的某一次通信链路,链路加密能为网上传输的数据提供安全保证所有消息在被传输之前进行加密,在每一个节点对接收到的消息进行解密,然后先使用下一个链路的密钥对消息进行加密,再进行传输。

链路加密的优、缺点如下:

(1)链路层加密的优点:①由于在每一个中间传输节点消息均被解密后重新进行加密,因此,包括路由信息在内的链路上的所有数据均以密文形式出现。这样,链路加密就掩盖了被传输消息的源点与终点。②由于填充技术的使用以及填充字符在不需要传输数据的情况下就可以进行加密,这使得消息的频率和长度特性得以掩盖,从而可以防止对通信业务进行分析。

(2)链路层加密的缺点:①链路加密通常用在点对点的同步或异步线路上,它要求先对在链路两端的加密设备进行同步,然后使用一种链模式对链路上传输的数据进行加密。这就给网络的性能和可管理性带来了副作用。②在一个网络节点,链路加密仅在通信链路上提供安全性,消息以明文形式存在,因此所有节点在物理上必须是安全的,否则就会泄漏明文内容。

在传统的加密算法中,用于解密消息的密钥与用于加密的密钥是相同的,该密钥必须被秘密保存,并按一定规则进行变化。这样,密钥分配在链路加密系统中就成了一个问题,因为每一个节点必须存储与其相连接的所有链路的加密密钥,这就需要对密钥进行物理传送或者建立专用网络设施。而网络节点地理分布的广阔性使得这一过程变得复杂,同时增加了密钥连续分配时的费用。

5.6.2　节点加密

节点加密在操作方式上与链路加密是类似的:两者均在通信链路上为传输的消息提供安全性;都在中间节点先对消息进行解密,然后进行加密。因为要对所有传输的数据进行加密,所以加密过程对用户是透明的。

然而,与链路加密不同,节点加密不允许消息在网络节点以明文形式存在,它先把收到的消息进行解密,然后采用另一个不同的密钥进行加密,这一过程在节点上的一个安全模块中进行。

节点加密要求报头和路由信息以明文形式传输,以便中间节点能得到如何处理消息的信息。因此这种方法对于防止攻击者分析通信业务是脆弱的。

5.6.3　端到端加密

端到端加密(又称脱线加密或包加密)允许数据在从源点到终点的传输过程中始终以密文形式存在。采用端到端加密,消息在被传输时到达终点之前不进行解密,因为消息在整个传输过程中均受到保护,所以即使有节点被损坏也不会使消息泄露。

端到端加密的优、缺点如下:

(1)端到端加密的优点:①端到端加密系统的价格便宜些,与链路加密和节点加密相比更可靠,更容易设计、实现和维护。②端到端加密避免了其他加密系统所固有的同步问题,因为每个报文包均是独立被加密的,所以一个报文包所发生的传输错误不会影响后续的报文包。③从用户对安全需求的直觉上讲,端到端加密更自然些。单个用户可能会选用这种加密方法,以便不影响网络上的其他用户,此方法只需要源和目的节点是保密的即可。

(2)端到端加密的缺点:①通常不允许对消息的目的地址进行加密,这是因为每一个消息所经过的节点都要用此地址来确定如何传输消息。②由于这种加密方法不能掩盖被传输消息的源点与终点,因此它对于防止攻击者分析通信业务是脆弱的。

5.6.4　加密方式的选择方法

(1)在多个网络互联的环境下,宜采用端到端加密方式。

(2)在需要保护的链路数不多,要求实时通信,不支持端到端加密远程调用通信等场合宜采用链路加密方式,这样仅需少量的加密设备即可,从而可保证不降低太多的系统效能,不需要太高的加密成本。

(3)在需要保护的链路数较多的场合以及在文件保护、邮件保护、支持端到端加密的远程调用、实时性要求不高的通信等场合,宜采用端到端加密方式,这样可以使网络具有更高的保密性、灵活性,加密成本也较低。

(4)对于需要防止流量分析的场合,可考虑采用链路加密和端到端加密组合的加密方式。

3 种加密方式的选择方法见表 5.13。

表 5.13 3 种加密方式的选择方法

方 式	优 点	缺 点
链路加密	包含报头和路由信息在内的所有信息均加密； 单个密钥损坏时整个网络不会损坏，每队网络节点可使用不同的密钥； 加密对用户透明	消息以明文形式通过每一个节点； 因为所有节点都必须有密钥，密钥分发和管理变得困难； 由于每个安全通信链路需要两个密码设备，因此费用较高
节点加密	消息的加、解密在安全模块中进行，这使得消息内容不会被泄漏； 加密对用户透明	某些信息（如报头和路由信息）必须以明文形式传输； 因为所有节点都必须有密钥，密钥分发和管理变得困难
端到端加密	使用方便，采用用户自己的协议进行加密，并非所有数据都需要加密； 网络中数据从源点到终点均受保护； 加密对网络节点透明，在网络重构期间可使用加密技术	每一个系统都需要完成相同类型的加密； 某些信息（如报头和路由信息）必须以明文形式传输； 需采用安全、先进的密钥颁发和管理技术

第 6 章 公钥加密技术

6.1 非对称密码算法原理

6.1.1 概述

非对称密钥密码,也称公开密钥密码,由 Diffie 和 Hellman 于 1976 年提出。非对称密钥密码使用两个密钥,对于密钥分配、数字签名、认证等有深远影响,而且非对称密钥密码基于数学函数而不是代替和换位,这是密码学历史上唯一的一次真正的革命。

公钥密码系统的加密原理如图 6.1 所示,图中每个通信实体有一对密钥(公钥、私钥)。公钥公开,用于加密和验证签名,私钥保密,用作解密和签名,A 向 B 发送消息,用 B 的公钥加密,B 收到密文后,用自己的私钥解密。

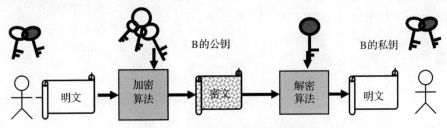

图 6.1 公钥加密算法加密的原理

过程:任何人向 B 发送信息都可以使用同一个密钥(B 的公钥)加密,没有其他人可以得到 B 的私钥,所以只有 B 可以解密。

公钥密码系统的签名原理如图 6.2 所示,A 向 B 发送消息,用 A 的私钥加密(签名),B 收到密文后,用 A 的公钥解密(验证)。

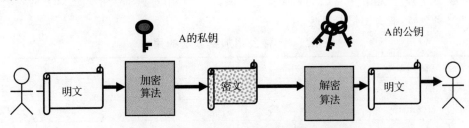

图 6.2 公钥加密算法用于数字签名的原理

6.1.2 公钥密码算法的表示

公钥加密算法表示过程如下：

(1)对称密钥密码。

密钥:会话密钥(Ks);

加密函数:$C=EKs[P]$;

对密文 C,解密函数:$DKs[C]$。

(2)公开密钥(KUa,KRa)。

加密/签名:$C=EK_{Ub}[P],EKR_a[P]$;

解密/验证:$P=DKR_b[C],DK_{Ua}[C]$。

也可以将数字签名和加密同时使用,其原理如图 6.3 所示。

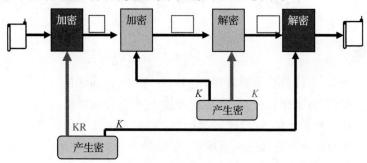

图 6.3　公钥加密算法数字签名和加密同时使用的原理

其中:

$$Z=EK_{Ub}[Y]=EK_{Ub}[\ EKR_a(X)\ ]$$

$$X=DK_{Ua}[Y]=DK_{Ua}[\ DKR_b(Z)\ ]$$

对公开密钥密码算法的要求:

1)参与方 B 容易产生密钥对(K_{Ub}，KR_b)。

2)已知 K_{Ub},A 的加密操作是容易的:$C=EK_{Ub}(P)$。

3)已知 KR_b,B 的解密操作是容易的:$P=DKR_b(C)\quad=DKR_b(EK_{Ub}(P))$。

4)已知 K_{Ub},求 KR_b 是计算上不可行的;

5)已知 K_{Ub} 和 C,欲恢复 P 计算是上不可行的。

6)公钥密码系统的应用见表 6.1。

7)加密/解密。

8)数字签名:发送方用自己的私钥签署报文,接收方用对方的公钥验证对方的签名。

9)密钥交换:双方协商会话密钥。

表 6.1　3 种公钥加密算法的用途

算　法	加密/解密	数字签名	密钥交换
RSA	Y	Y	Y
Diffie – Hellman	N	N	Y
DSA	N	Y	N

6.1.3　对公钥密码算法的误解

(1)公开密钥算法和对称密钥密码算法的安全性对比。任何一种算法都依赖于密钥长度、破译密码的工作量,因此,没有一方更优越。

(2)公开密钥算法并没有使得对称密钥成为过时的技术。公开密钥很慢,只能用在密钥管理和数字签名,对称密钥密码算法将长期存在。

(3)使用公开密钥加密,密钥分配变得非常简单。事实上的密钥分配既不简单,也不有效。

6.2　RSA 算法简介

阿德曼算法(Rivest Shamir Adleman,RSA)是一种非对称加密算法,由 Ron Rivest、Adi Shamir 和 Leonard Adleman 于 1977 年提出。RSA 算法是基于数论中的整数问题,其安全性基于大质数分解的难度。RSA 在美国申请了专利(已经过期),在其他国家没有,RSA 已经成了事实上的工业标准,在美国除外。

6.2.1　RSA 算法操作过程

(1)密钥产生。

取两个大素数 p,q ,保密;

eg. $p=7,q=17$

计算 $n=pq$,公开 n;

eg. $n=119$

计算欧拉函数 $\Phi(n)=(p-1)(q-1)$;

eg. $\Phi(n)=96$

任意取一个与 $\Phi(n)$ 互素的小整数 e,即 $gcd\ (e,\Phi(n))=1;1<e<\Phi(n),e$ 作为公钥公开;

eg. 选择 $e=5$

寻找 d,使得

$de\equiv1\ mod\ \Phi(n)$,ed $=k\Phi(n)+1,d$ 作为私钥保密。

eg. $5d=k\times96+1$ 令 $k=4$,求得 $d=77$

(2)RSA 算法加密/解密过程。

密钥对(KU,KR):KU={e,n}, KR={d,n};

eg. KU={5,119},KR={77,119}

加密过程:把待加密的内容分成 k bit 的分组,$k\leqslant\log_2 n$,并写成数字,设为 M,则:$C=Me\ mod\ n$;

eg. $c=m^5\ mod\ 119$

解密过程:$M=Cd\ mod\ n$;

eg. $m = c77 \bmod 119$

RSA 加密过程举例：

1) $p = 7, q = 17, n = 7 \times 17 = 119$。

2) $\Phi(n) = (7-1) \times (17-1) = 96$。

3) 选 $e = 5, \gcd(e, \Phi(n)) = \gcd(5, 96) = 1$；

4) 寻找 d，使得 $ed \equiv 1 \bmod 96$，即 $ed = k \times 96 + 1$，取 $d = 77$。

5) 公开 $(e, n) = (79, 119)$。

6) 将 d 保密，丢弃 p, q。

7) 加密：$m = 19, 19^5 \equiv 66 \bmod 119, c = 66$。

8) 解密：$66^{77} \bmod 119 = ?$

6.2.2　RSA 算法的安全性

(1) 攻击方法。

蛮力攻击：对所有密钥都进行尝试。

数学攻击：等效于对两个素数乘积(n)的因子分解。

(2) 大数的因子分解是数论中的一个难题。

因子分解的进展见表 6.2，RSA 算法的性能见表 6.3。

表 6.2　因子分解的进展

十进制数字位数	近似比特数	得到的数据	MIPS/年
100	332	1991	7
110	365	1992	75
120	398	1993	830
129	428	1994	5000
130	431	1996	500

表 6.3　RSA 算法的性能

	512 bit	768 bit	1024 bit
加密	0.03	0.05	0.08
解密	0.16	0.48	0.93
签名	0.16	0.52	0.97
验证	0.02	0.07	0.08

(3) 速度：软件实现比 DES 慢 100 倍，硬件实现比 DES 慢 1 000 倍。

6.3　Diffie‐Hellman 密钥交换算法

作为第一个发表的公开密钥算法，Diffie‐Hellman 密钥交换算法于 1976 发表，它用于通信双方安全地协商一个会话密钥，只能用于密钥交换。密钥交换算法基于离散对数计算的困难性，主要进行的是模幂运算：$a\,p \bmod n$。

Diffie - Hellman 密钥交换过程如图 6.4 所示。

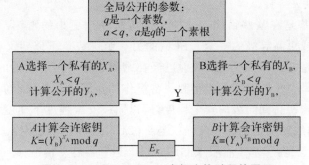

图 6.4　Diffie - Hellman 密钥交换过程的原理

例：

全局公开参数：q＝97，a＝5(5 是 97 的素根)

A 选择私钥 X_A＝36，　　　　　　B 选择私钥 X_B＝58。

A 计算公钥：　　　　　　　　Y_A＝5^{36} mod 97＝50

B 计算公钥：　　　　　　　　Y_B＝5^{58} mod 97＝44

A 与 B 交换公开密钥。

A 计算会话密钥：

$$K＝Y_B X_A \quad \mod q ＝44^{36} \mod 97＝75$$

B 计算会话密钥：

$$K＝Y_A X_B \quad \mod q ＝44^{36} \mod 97＝75$$

6.4　其他公钥密码算法

6.4.1　DSA

1991 年，NIST 提出了 数字签名算法（Digital signature algorithm，DSA），并把它用户数字签名标准（Digital signature standard DSS），但 DSA 只能用于数字签名，算法的安全性也是基于离散对数的难度，因此引起很多人的反对，理由如下：

(1)DSA 不能用于加密或密钥分配。

(2)DSA 是由 NSA 研制的，可能有后门。

(3)DSA 的选择过程不公开，提供的分析时间不充分。

(4)DSA 比 RSA 慢。

(5)密钥长度太小(512 位)。

(6)DSA 可能侵犯其他专利。

(7)RSA 是事实上的标准。

6.4.2　椭圆曲线密码

椭圆曲线密码（Elliptic curve cryptography，ECC），是一种建立公开密钥加密的算法，基于椭圆曲线数学。椭圆曲线密码于 1985 年由 Neal Koblitz 和 Victor Miller 分别独立提出。

ECC 的主要优势是在某些情况下比其他的方法使用更小的密钥。比如 RSA 加密算法——提供相当的或更高等级的安全。ECC 的另一个优势是可以定义群之间的双线性映射,基于 Weil 对或是 Tate 对;双线性映射已经在密码学中发现了大量的应用,例如基于身份的加密。其缺点是同长度密钥下加密和解密操作的实现比其他机制花费的时间长,但由于可以使用更短的密钥达到同级的安全程度,所以同级安全程度下速度相对更快。一般认为 160 bit 的椭圆曲线密钥提供的安全强度与 1 024 bit RSA 密钥相当。

ECC 的主要特点是:①基于有限域 $GF(2^n)$;②运算器容易构造;③加密速度快;④更小的密钥长度实现同等的安全性。

6.4.3　单向散列函数

Hash:$h = H(m)$(哈希函数,杂凑函数,散列函数)

哈希函数具有如下特性:

(1)可以操作任何大小的报文 m。

(2)给定任意长度的 m,产生的 h 的长度固定。

(3)给定 m 计算 $h = H(m)$ 是容易的。

(4)给定 h,寻找 m,使得 $H(m) = h$ 是困难的。

(5)给定 m,要找到 m',$m' \neq m$ 且 $H(m) = H(m')$ 在计算上是不可行的。

(6)寻找任何 (x, y),$x \neq y$,使得 $H(x) = H(y)$ 在计算上是不可行的。

纵向的奇偶校验码见表 6.4。

表 6.4　纵向的奇偶校验码

	比特 1	比特 2	…	比特 n
分组 1	$b11$	$b21$	…	$bn1$
分组 2	$b21$	$b22$	…	$bn2$
…	…	…	…	…
分组 m	$b1m$	$b2m$	…	bnm
散列码	$C1$	$C2$	…	Cn

注:$Ci = bi1, bi2, \cdots, bim$。

6.4.4　MD5 算法

消息摘要算法(Message Digest Algorithm 5,MD5)是一种广泛使用的散列函数,基于 32 位的简单操作,用于将输入数据转化为固定长度的 128 位二进制散列值。它是由 Ronald Rivest 于 1991 年设计的,是 MD4 的后继版本。它简单而紧凑,没有复杂的程序和大数据结构,适合微处理器实现(特别是 Intel)。MD5 算法在密码存储、数据完整性检查和数字签名等应用中曾经很流行,但由于其安全性问题,现在已不再推荐用于安全散列目的。

MD5 产生报文摘要的过程如图 6.5 所示。

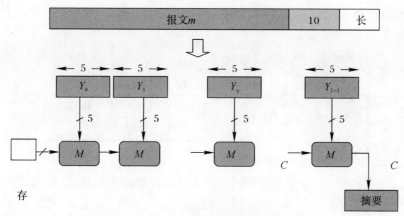

图 6.5 MD5 产生报文摘要的过程示意图

Step1:填充,使报文长度为 512 bit 的倍数减 64。

Step2:附加长度,将填充前的报文长度写入最后的 64 bit,总长度 $N=L\times512$。

Step3:初始化 MD 缓存,4 个 32 bit 的寄存器(A、B、C、D),共 128 bit。

$$A=01\quad 23\quad 45\quad 67$$
$$B=89\quad AB\quad CD\quad EF$$
$$C=FE\quad DC\quad BA\quad 98$$
$$D=76\quad 54\quad 32\quad 10$$

Step 4 :处理每个报文分组(512 bit)。算法的核心是 4 轮循环的压缩函数。

使用一个随机矩阵 $T[i]=232$ abs $(\sin(i))$, $i=1,2,\cdots,64$

$CV0=IV$

$CVq+1=SUM32(CVq,RFI[Yq,RFH[Yq,RFG[Yq,RFF[Yq,CVq]]]])$

Step 5 :输出。所有 L 个 512 bit 的分组处理完之后,第 L 阶段的输出便是 128 bit 的报文摘要。

MD5 的压缩函数如图 6.6 所示。

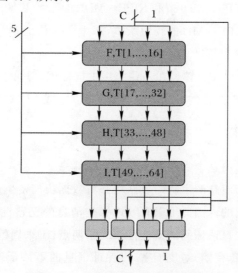

图 6.6 MD5 的压缩函数示意图

基本的 MD5 操作(单步)如图 6.7 所示。

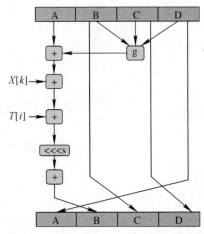

＋:模 2^{32} 加法

$X[k]$:512 bit 输入中的第 k 字节

$T[i]$:T 矩阵中第 i 个 32 bit

循环	原始函数	$g(B,C,D)$
1	F	$(B \wedge C) \vee (\neg B \wedge D)$
3	H	$B \oplus C \oplus D$
4	I	$C \oplus (B \vee \neg D)$

其中 $\oplus$ ＝XOR，$\wedge$ ＝AND，$\vee$ ＝OR，$\neg$ ＝NOT

图 6.7 基本的 MD5 操作(单步)示意图

(1)SHA,SHA-1。这由 NIST 和 NSA 共同设计,用在 DSS 中,SHA(Secure Hash Algorithm)是一系列密码学哈希函数的缩写,用于将任意大小的数据转换为固定大小的散列值。SHA 家族包括多个版本,其中 SHA-1 是第一代版本。SHA 基于 MD4 设计,与 MD5 非常相似,产生 160 位散列值。但 SHA-1 的安全性已经受到严重威胁,因为它对碰撞攻击不再是免疫的。碰撞攻击是指找到两个不同的输入,它们经过 SHA-1 算法后产生相同的散列值。由于这个漏洞,SHA-1 在安全领域被废弃,不再推荐使用。

(2)RIPE-MD。RIPE-MD(Integrity Primitives Evaluation Message Digest,RACE)是一种消息摘要算法,由欧洲 RACE 计划(RACE Project 1047)的工作组开发。它是在 1992—1996 年设计的,旨在提供一种强大的消息摘要算法,以满足广泛的应用需求。RIPE-MD 有两个主要版本,分别是 RIPE-MD160 和 RIPE-MD128。

RIPE-MD128 是 RIPE-MD 的较短版本,产生 128 位的消息摘要。它的设计原理类似于 RIPE-MD160,但输出长度更短。

总体而言,虽然 RIPE-MD 曾经在一些应用中被使用,但出于安全性的考虑,现在更常见的是使用更现代、被广泛接受的散列算法,如 SHA-2 或 SHA-3。

6.4.5 消息认证码

消息认证实际上是对消息本身产生一个冗余的信息——MAC(消息认证码),消息认证码是利用密钥对要认证的消息产生新的数据块并对数据块加密生成的。它对于要保护的信息来说是唯一和一一对应的。因此可以有效地保护消息的完整性,以及实现发送方消息的不可抵赖和不能伪造。消息认证码的安全性取决于两点:①采用的加密算法(数字签名),即利用公钥加密算法(不对称密钥)对块加密,以保证消息的不可抵赖和完整性。②待加密数据块的生成方法。

消息认证码生成示意图如图 6.8 所示。

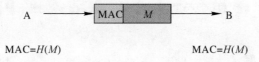

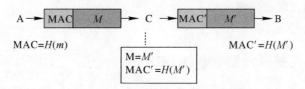

图 6.8　消息认证码生成示意图

(1)A 和 B 共享一个密钥 K。

(2)A 计算散列值 $MAC=H(M,K)$，附在 M 之后发送给 B。

$$MAC=MD5(M+K)$$

$$MAC=DESK(MD5(M))$$

(3)B 收到 M 和 $H(M,K)$ 之后计算 $H(M,K)$ 并与收到的 MAC 比较，如图 6.9 所示。

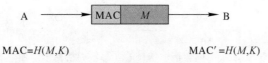

图 6.9　$H(M,K)$ 比较图

消息认证码用于数字签名，如图 6.10 所示。

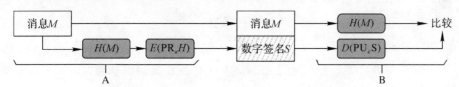

图 6.10　消息认证码用于数字签名示意图

基于散列函数的身份认证，如图 6.11 所示。

特点：简单口令认证(Challenge Handshake Authentication Protocol,CHAP)。

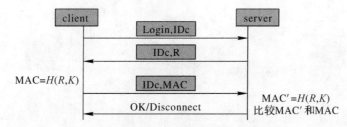

图 6.11　基于散列函数的身份认证示意图

6.5 密钥管理和公钥基础设施(PKI)

6.5.1 存在的问题

(1)密钥必须通过保密信道分配。

(2)密钥的数量 $O(n^2)$ 。

6.5.2 集中式密钥分配中心(KDC)

(1)每个用户和 KDC 之间共享一个主密钥(master key),通过可靠的信道分配。

(2)会话密钥(session key)协商如图 6.12 所示。

A → KDC :请求访问 B

KDC→ A:$K_a[K_{ab}]$, $K_b[K_{ab}]$

A→B：$K_b[K_{ab}]$

A ←→ B：$K_{ab}[m]$

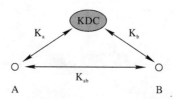

会话密钥(session key)协商示意图

公开密钥的密钥分配如图 6.13 所示。

公开密钥特点:公开宣布,公布到目录服务。

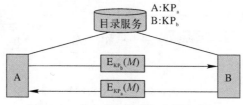

图 6.13 公开密钥的密钥分配示意图

中间人攻击如图 6.14 所示。

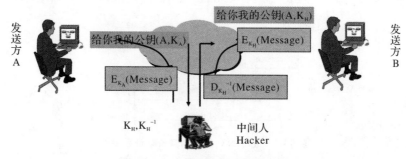

图 6.14 中间人攻击过程示意图

公开密钥管理机构:通过更严格地控制公开密钥从目录中分配出去的过程就可以使得公开密钥的分配更安全。它比公开可用目录多了公开密钥管理机构和通信方的认证以及通信双方的认证。在公开密钥管理机构方式中,有一个中心权威机构维持着一个有所有参与者的公开密钥信息的公开目录,而且每个参与者都有一个安全渠道得到该中心权威机构的公开密钥,而其对应的私有密钥只有该中心权威机构才持有。

6.5.2.1 公钥基础设施(Public Key Infrastructure,PKI)

PKI 是一种用于管理和验证数字证书的体系结构。PKI 提供了一套安全的机制,用于确保通信的机密性、完整性和身份验证。

在 PKI 中,有两种关键的加密密钥:公钥和私钥。公钥用于加密数据和验证数字签名,而私钥用于解密数据和生成数字签名。PKI 使用数字证书来绑定公钥和实体(如个人、组织或设备)的身份信息。

PKI 的主要组成部分包括证书颁发机构(Certificate Authority,CA)、注册机构(Registration Authority,RA)、证书存储库和证书撤销列表(Certificate Revocation List,CRL)。CA 是负责颁发和管理数字证书的可信第三方机构,RA 是负责验证证书请求者身份的机构,证书存储库用于存储和分发数字证书,CRL 用于撤销已失效的证书。签发证书、证书回收如图 6.15 所示。

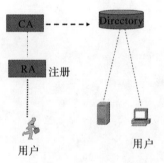

6.15 **签发证书、证书回收列表**

6.6 OpenSSL 简介

命令行工具的使用步骤如下:

(1)加密/解密。

$ openssl enc – des – in plain. txt – out cipher. bin

$ openssl enc – des – d – in cipher. bin – out plain. txt

(2)散列函数。

$ openssl dgst – sha1 – out digest. txt file. txt

(3)数字签名

$ openssl sha1 – sign rsaprivate. pem – out rsasign. bin file. txt

$ openssl sha1 - verify rsapublic. pem - signature rsasign. bin file. txt

(4)创建自己的 CA。

(5)生成自签名的证书

openssl req - x509 - newkey ca. key. pem - out ca. cert. pem

(6)生成服务器证书请求。

openssl req - new - keyout newkey. pem - out newreq. pem - days 360\ - config /usr/ local/ssl/openssl. cnf

cat newreq. pem newkey. pem > new. pem

(7)证书签名。

Openssl ca - policy policy_anything - out newcert. pem \- config /usr/local/ssl/openssl. cnf - infiles new. pem

(8)在 Apache 服务器上安装证书。

Apache 配置文件:/usr/local/apache/conf/httpd. conf

Apache 服务器证书

/usr/local/apache/conf/server_cert. pem

Apache 服务器私钥

/usr/local/apache/conf/server_key. pem

CA 证书:

/usr/local/ssl/cert/cacert. pem

(9)在客户端安装 CA 证书。

#! /usr/local/bin/perl

require 5. 003;

use strict;

use CGI;

my $ cert_dir="/opt/dev/ssl/private";

my $ cert_file="CAcert. pem";

my $ query=new CGI;

my $ kind= $ query->param('FORMAT');

if($ kind eq 'DER') { $ cert_file="CAcert. der"; }

my $ cert_path=" $ cert_dir/ $ cert_file";

my $ data="";

open(CERT,"< $ cert_path");

while(<CERT>) { $ data . = $ _; }

close(CERT);

print "Content－Type：application/x－x509－ca－cert\n";

print "Content－Length：",length($ data),"\n\n $ data";

1;

(10)申请客户端证书,如图 6.16 所示。

图 6.16 客户端视图

＜script LANGUAGE＝"VBScript"＞

Sub SubmitRequest

    On Error Resume Next

    Dim szPKCS10,DN,i,Message

    Dim

countryName, localityName, organizationName, OrganizationalUnitName, commonName,emailAddress

    i＝document. ReqForm. countryName. options. selectedIndex

    countryName＝document. ReqForm. countryName. options(i). value

    localityName＝document. ReqForm. localityName. value

    organizationName＝document. ReqForm. organizationName. value

    organizationalUnitName＝document. ReqForm. organizationalUnitName. value

    commonName＝document. ReqForm. commonName. value

    emailAddress＝document. ReqForm. emailAddress. value

```
    If len(countryName ) =0 Then
        countryName="CN"
    End If
    DN="C="+countryName+";"
    If len(localityName ) >0 Then
        DN=DN+"L="+localityName+";"
    End If
    If len(organizationName ) >0 Then
        DN=DN+"O="+organizationName+";"
    End If
    If len(organizationalUnitName ) >0 Then
        DN=DN+"OU="+organizationalUnitName+";"
    End If
    If len(commonName ) >0 Then
        DN=DN+"CN="+commonName+";"
    End If
    if len(emailAddress) Then
        DN=DN+"Email="+emailAddress+";"
    End If
IControl. KeySpec=1
    CertUsage="1. 6. 3. 1. 5. 5. 7. 6. 2"
    i=document. all. CSP. options. selectedIndex
    IControl. providerName=document. all. CSP. options(i). text
    IControl. providerType=document. all. CSP. options(i). value
    If document. ReqForm. USERPROTECT. value=1 Then
        IControl. GenKeyFlags=2
    Else
        IControl. GenKeyFlags=0
    End If
    szPKCS10=""
    szPKCS10=IControl. CreatePKCS10(DN,CertUsage)
    document. ReqForm. pkcs10input. value=szPKCS10
    rem document. ReqForm. DN. value=DN
    If Len(szPKCS10) > 10 Then
        document. ReqForm. submit()
        return True
```

```
        Else
        Message="No certificate request was made. " & vbcrlf & vbcrlf
        Message=Message & "If don't know what caused this,please contact "
        Message=Message & "us . Please indicate the version of the Microsoft "
        Message=Message & "Internet Explorer browser you are using and the information you
've entered. "
        return MsgBox (Message,48,"Certificate request")
          End If
      End Sub
      </script>
```

第7章 防 火 墙

7.1 防火墙概述

7.1.1 防火墙的概念

防火墙(Firewall)是在两个网络之间执行访问控制策略的一个或一组安全系统。它是一种计算机硬件和软件系统的集合,是实现网络安全策略的有效工具之一,被广泛地应用到 Internet 与 Intranet 之间。

防火墙:来源于建筑业,用墙来分隔建筑物的各个部分,并具有防火功能。万一某一部分或单元失火时,火灾被限制在一个局部范围内,其他部分不会受到损害。

防火墙通常建立在内部网和 Internet 之间的一个路由器或计算机上,该计算机也叫堡垒主机。它就如同一堵带有安全门的墙,可以阻止外界对内部网资源的非法访问和通行合法访问,也可以防止内部对外部网的不安全访问和通行安全访问。防火墙位置示意图如图7.1 所示。

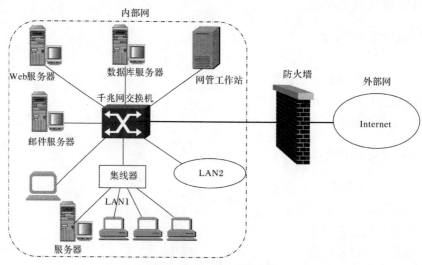

图 7.1 防火墙位置示意

防火墙是由软件和硬件组成的,可以说,所有进出内部网络的通信流都应该通过防火墙。所有穿过防火墙的通信流都必须有安全策略和计划的确认和授权。理论上说,防火墙是穿不透的。

7.1.2　防火墙的发展

第一代防火墙:1983 年第一代防火墙技术出现,它几乎是与路由器同时问世的。它采用了包过滤(Packet filter)技术,可称为简单包过滤(静态包过滤)防火墙。

第二代防火墙:1991 年,贝尔实验室提出了第二代防火墙——应用型防火墙(代理防火墙)的初步结构。

第三代防火墙:1992 年,USC 信息科学院开发出了基于动态包过滤(Dynamic packet filter)技术的第三代防火墙,后来演变为目前所说的状态检测(Stateful inspection)防火墙。1994 年,以色列的 CheckPoint 公司开发出了第一个采用状态检测技术的商业化产品。

第四代防火墙:1998 年,NAI 公司推出了一种自适应代理(Adaptive proxy)防火墙技术,并在其产品 Gauntlet Firewall for NT 中得以实现,给代理服务器防火墙赋予了全新的意义。

图 7.2 所示为防火墙技术的发展阶段。

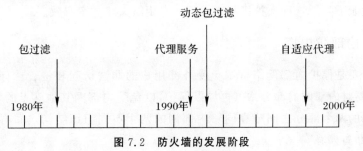

图 7.2　防火墙的发展阶段

7.1.3　防火墙的功能

防火墙的功能包括:

(1)强化网络安全策略,集中化的网络安全管理。

(2)记录和统计网络访问活动。

(3)限制暴露用户点,控制对特殊站点的访问。

(4)网络安全策略检查。

7.1.4　防火墙的局限性

防火墙的局限性包括:

(1)不能防范内部人员的攻击;

(2)不能防范绕过它的连接;

(3)不能防备全部的威胁;

(4)不能防范恶意程序。

7.1.5　个人防火墙

现在网上流行很多个人防火墙软件,它是应用程序级的。个人防火墙是一种能够保护个人计算机系统安全的软件,它是可以直接在用户计算机操作系统上运行的软件服务,使用与状态检测防火墙相同的方式,来保护计算机免受攻击。通常,这些防火墙安装在计算机网络接口的较低级别上,使它们可以监视通过网卡的所有网络通信。

(1)个人防火墙的优点。

1)增加了保护功能。它具有安全保护功能,可以抵挡外来攻击和内部的攻击。

2)易于配置。它通常可以使用直接的配置选项获得基本可使用的配置。

3)廉价。它不需要额外的硬件资源就为内部网的个人用户和公共网络中的单个系统提供安全保护。

(2)个人防火墙的缺点。

1)接口通信受限。个人防火墙对公共网络只有一个物理接口,而真正的防火墙应当监视并控制两个或更多的网络接口之间的通信。

2)集中管理比较困难。个人防火墙需要在每个客户端进行配置,这将增加管理开销。

3)性能限制。个人防火墙是为了保护单个计算机系统而设计的,在充当小型网络路由器时将导致性能下降。这种保护机制通常不如专用防火墙方案有效。

7.1.6　内部防火墙

防火墙主要是保护内部网络资源免受外部用户的非法访问和侵袭。有时因为某些原因,我们还需要对内部网的部分站点再加以保护,以免受内部网其他站点的侵袭。因此,需要在同一结构的两个部分之间或在同一内部网的两个不同组织结构之间再建立一层防火墙,这就是内部防火墙。

企业内部网络是一个多层次、多节点、多业务的网络,各节点间的信任程度较低,但各节点和服务器群之间又要频繁地交换数据。通过在服务器群的入口处设置内部防火墙,可有效地控制内部网络的访问。企业内部网中设置内部防火墙后,一方面可以有效地防范来自外部网络的攻击行为,另一方面可以为内部网络制定完善的安全访问策略,从而使得整个企业网络具有较高的安全级别。

内部防火墙的用户包括内部网本单位的雇员(如内部网单位本部的用户、本单位外部的用户、本单位的远程用户或在家中办公的用户)和单位的业务合作伙伴。后者的信任级别比前者要低。

许多用于建立外部防火墙的工具与技术也可用于建立内部防火墙。

内部防火墙具体可以实现以下功能:

(1)精确地制定每个用户的访问权限,保证内部网络用户只能访问必要的资源。

(2)记录网段间的访问信息,及时发现误操作和来自内部网络其他网段的攻击行为。

(3)通过安全策略的集中管理,每个网段上的主机不必单独设立安全策略,降低人为因素导致的网络安全问题。

7.2 防火墙技术

7.2.1 防火墙的分类

按不同标准,可将防火墙分为多种类型。

因特网采用 TCP/IP 协议,在不同的网络层次上设置不同的屏障,构成不同类型的防火墙,因此,根据防火墙的技术原理分类,有包过滤防火墙、代理服务器防火墙、状态检测防火墙和自适应代理防火墙等。

根据实现防火墙的硬件环境不同,可将防火墙分为基于路由器的防火墙和基于主机系统的防火墙。包过滤防火墙可以基于路由器,也可基于主机系统实现;而代理服务器防火墙只能基于主机系统实现。

根据防火墙的功能不同,可将防火墙分为 FTP 防火墙、Telnet 防火墙、E-mail 防火墙、病毒防火墙等各种专用防火墙。通常也将几种防火墙技术一起使用以弥补各自的缺陷,增加系统的安全性能。

7.2.2 包过滤技术

包过滤防火墙是最简单的防火墙,通常只包括对源 IP 地址和目的 IP 地址及端口的检查。

包过滤防火墙通常是一个具有包过滤功能的路由器。因为路由器工作在网络层,因此包过滤防火墙又叫网络层防火墙。

包过滤是在网络的出口(如路由器上)对通过的数据包进行检测,只有满足条件的数据包才允许通过,否则被抛弃。这样可以有效地防止恶意用户利用不安全的服务对内部网进行攻击。

包过滤操作流程图如图 7.3 所示。

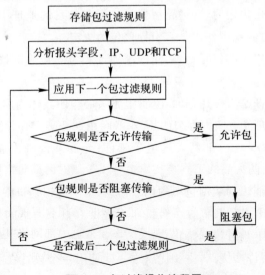

图 7.3 包过滤操作流程图

包是网络上的信息流动单位,在网上传输的文件一般在发端被分为一串数据包,经过中间节点,最后到达目的地,然后这些包中的数据再被重组成原文件。

网络上传输的每个数据包都包括两部分:数据部分和包头。包头中含有源地址和目的地址信息。

包过滤就是根据包头信息来判断该包是否符合网络管理员设定的规则,以确定是否允许数据包通过。

包过滤是一种简单而有效的方法,通过拦截数据包,读出并拒绝那些不符合标准的包头,过滤掉不应入站的信息(路由器将其丢弃)。

每个报头的主要信息如下:

(1)IP 协议类型(TCP、UDP,ICMP 等)。

(2)IP 源地址和目标地址。

(3)IP 选择域的内容。

(4)TCP 或 UDP 源端口号和目标端口号。

(5)ICMP 消息类型。

过滤路由器与普通路由器的差别在于:

(1)普通路由器只简单地查看每一数据包的目的地址,并选择数据包发往目标地址的最佳路径。当路由器知道如何发送数据包到目标地址时,则发送该包;如果不知道如何发送数据包到目标地址,则返还数据包,通知源地址"数据包不能到达目标地址"。

(2)过滤路由器将更严格地检查数据包,除了决定是否发送数据包到其目标外,还决定它是否应该发送。"应该"或"不应该"由站点的安全策略决定,并由过滤路由器强制执行。

(3)放置在内部网与 Internet 之间的过滤路由器,不但要执行转发任务,而且它是唯一的保护系统;如果过滤路由器的安全保护失败,内部网将被暴露;如果一个服务没有提供安全的操作要求,或该服务由不安全的服务器提供,包过滤路由器则不能保护它。

(4)在对包做出路由决定时,普通路由器只依据包的目的地址引导包,而包过滤路由器要依据路由器中的包过滤规则作出是否引导该包的决定。

(5)包过滤路由器以包的目标地址、包的源地址和包的传输协议为依据,确定允许或不允许某些包在网上传输。

(6)包过滤系统判断是否传送包时,基本上不关心包的具体内容。

(7)包过滤系统一般不允许任何用户从外部网用 Telnet 登录;但允许任何用户使用简单邮件传输协议(STMP)往内部网发送电子邮件;允许某台机器通过网络新闻传输协议(NNTP)往内部网发新闻。

(8)包过滤系统不能识别数据包中的用户信息,也不能识别包中的文件信息。

(9)包过滤系统主要是使我们在一台机器上提供对整个网络的保护。即在该机器上设置了禁止项,所有机器上均可得到禁止。

(10)包过滤方式有许多优点,主要优点之一就是用一个放置在重要位置上的包过滤路由器即可保护整个网络。

(11)这样,不管内部网的站点规模多大,只要在路由器上设置合适的包过滤,各站点均可获得良好的安全保护。

(12)包过滤不需用户软件支持,也不需要对客户机做特殊设置。

(13)包过滤工作对用户来说是透明的。当包过滤路由器允许包通过时,其表现与普通路由器没什么区别,此时用户感觉不到包过滤功能的存在。只有在某些包被禁入或禁出时,用户才会意识到它的存在。

包过滤系统有许多优点,但它也存在一些缺点和局限性:

(1)在机器中配置包过滤规则比较困难。

(2)对包过滤规则的配置测试也麻烦。

(3)很难找到具有完整功能的包过滤产品。

包过滤防火墙是一种静态防火墙。静态包过滤防火墙是按照定义好的过滤规则审查每个数据包。过滤规则是基于数据包的报头信息制定的。

动态包过滤防火墙是采用动态设置包过滤规则的方法而构成的。它已发展成包状态监测技术。采用这种技术的防火墙对通过其建立的每一个连接都进行跟踪,并根据需要动态地在过滤规则中增加或更新条目。

7.2.3 代理服务技术

7.2.3.1 代理服务的概念

代理服务是运行在防火墙主机上的特定的应用程序或服务程序。防火墙主机可以是具有一个内部网接口和一个外部网接口的双穴(Duel Homed)主机,也可以是一些可以访问Internet 并可被内部主机访问的堡垒主机。

这些代理服务程序接受用户对 Internet 服务的请求,并按安全策略转发它们的实际的服务。所谓代理,就是提供替代连接并充当服务的桥梁(网关)。代理服务的一大特点就是透明性。

代理服务位于内部用户和外部服务之间。代理程序在幕后处理所有用户和 Internet 服务之间的通信以代替相互间的直接交谈。

对于用户,代理服务器给用户一种直接使用"真正"服务器的感觉;对于真正的服务器,代理服务器给真正服务器一种在代理主机上直接处理用户的假象。

用户将对"真正"的服务器的请求交给代理服务器,代理服务器评价来自客户的请求,并作出认可或否认的决定。如果一个请求被认可,代理服务器就代表客户将请求转发给"真正"的服务器,并将服务器的响应返回给代理客户。

代理服务的条件是具有访问 Internet 能力的主机,才可作为那些无权访问 Internet 的主机的代理。

代理服务是在双穴主机或堡垒主机上运行的特殊协议或一组协议。它可使一些只能与内部用户交谈的主机也可与外界交谈。代理服务器的工作示意如图 7.4 所示。

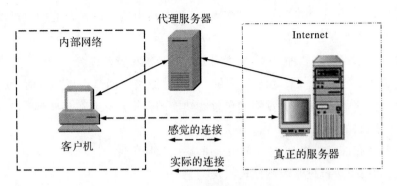

图 7.4　代理服务器的工作示意

7.2.3.2　代理服务的特点

代理服务的两个主要优点如下：

(1)允许用户"直接"访问 Internet。在相应后台软件的支持下,代理服务系统允许用户从自己的系统访问 Internet,但不允许数据包直接传送而是通过双穴主机或堡垒主机间接传送。

(2)适合于做日志。

代理服务的缺点：

(1)落后于非代理服务。

(2)每个代理服务要求不同的服务器。

(3)要求对客户或程序进行修改。

(4)对某些服务不适合。

(5)不能使用户免于协议本身缺点的限制。

7.2.3.3　代理服务器的实现

代理服务器可以通过五种方式实现：①应用级代理服务器；②回路级代理服务器；③公共代理服务器；④专用代理服务器；⑤智能代理服务器。

下面以应用级代理服务器为例,使用 Python 程序实现应用级代理服务器。

编写一个应用级代理服务器涉及多个步骤。以下是一个简化的指南,使用 Python 编写一个简单的应用级代理服务器。

(1)设置。首先,确保用户已经安装了 Python。为了简化,我们将使用 Python 的内置库 socket 来处理网络通信。

(2)代码。

```python
import socket


class ProxyServer：
    def __init__(self,host='127.0.0.1',port=8888)：
        self.host=host
```

```python
        self.port=port
        self.client_socket=None
        self.server_socket=None


    def start_server(self):
        try:
            self.server_socket=socket.socket(socket.AF_INET,socket.SOCK_STREAM)
            self.server_socket.bind((self.host,self.port))
            self.server_socket.listen(1)
            print(f"Proxy server is listening on {self.host}:{self.port}")


            while True:
                client_socket,addr=self.server_socket.accept()
                print(f"New client connected from {addr}")
                self.client_socket=client_socket
                self.handle_client()
        except Exception as e:
            print(f"Error starting server:{e}")
        finally:
            if self.server_socket:
                self.server_socket.close()


    def handle_client(self):
        try:
            while True:
                data=self.client_socket.recv(1024)
                if not data:
                    break
                #简单代理:直接转发数据到目标服务器
                target_server='www.example.com'    #目标服务器地址,可以根据需要进行修改
                target_port=80   #目标服务器端口,可以根据需要进行修改
                target_socket=socket.socket(socket.AF_INET,socket.SOCK_STREAM)
                target_socket.connect((target_server,target_port))
                target_socket.sendall(data)
                target_socket.recv(1024)    #接收目标服务器的响应数据(如果有的话)
                self.client_socket.sendall(target_socket.recv(1024))    #将目标服务器的响应数
据发送回客户端
        except Exception as e:
            print(f"Error handling client:{e}")
```

```
finally:
        if self. client_socket:
            self. client_socket. close()
        if target_socket:
            target_socket. close()

if __name__ == "__main__":
    ProxyServer(). start_server()
...
```

（3）运行。

保存上面的代码到一个文件中,例如 proxy_server. py。然后在命令行中运行:

...bash

python proxy_server. py

...

现在,代理服务器正在监听 localhost 的 8888 端口。用户可以通过这个代理服务器将客户端的数据转发到目标服务器,并接收目标服务器的响应数据。注意,这只是一个非常简单的示例,没有处理各种可能的网络问题、安全性问题等。在生产环境中使用代理服务器时,请确保对其进行适当的配置和优化。

7.2.4 状态检测技术

状态检测防火墙是新一代的防火墙技术,也被称为第三代防火墙。状态检测防火墙又称动态包过滤防火墙。状态检测防火墙在网络层由一个检查引擎截获数据包,抽取出与应用层状态有关的信息,并以此作为依据决定对该数据包是接受还是拒绝。

检查引擎维护一个动态的状态信息表并对后续的数据包进行检查。一旦发现任何连接的参数有意外变化,该连接就被中止。

状态检测防火墙监视每一个有效连接的状态,并根据这些信息决定网络数据包是否能通过防火墙。它在协议底层截取数据包,然后分析这些数据包,并且将当前数据包和状态信息与前一时刻的数据包和状态信息进行比较,从而得到该数据包的控制信息,来达到保护网络安全的目的。

状态检测防火墙克服了包过滤防火墙和应用代理服务器的局限性,能够根据协议、端口及源地址、目的地址的具体情况决定数据包是否可以通过。对于每个安全策略允许的请求,状态检测防火墙启动相应的进程,可以快速地确认符合授权标准的数据包,这使得本身的运行速度很快。

状态检测防火墙试图跟踪通过防火墙的网络连接和包,这样它就可以使用一组附加的标准,以确定是否允许和拒绝通信。状态检测防火墙是在使用了基本包过滤防火墙的通信上应用一些技术来做到这点的。

由状态检测防火墙跟踪的不仅是包中包含的信息,为了跟踪包的状态,防火墙还记录有用的信息以帮助识别包,例如已有的网络连接、数据的传出请求等。

如果在防火墙内正运行一台服务器,配置就会变得稍微复杂一些。例如可以将防火墙配置成只允许从特定端口进入的通信,只可传到特定服务器。如果正在运行 Web 服务器,防火墙只将 80 端口传入的通信发到指定的 Web 服务器。

防火墙的状态监视器还能监视 RPC(远程调用请求)和 UDP 的端口信息。包过滤防火墙和代理服务防火墙都不支持此类端口的检测。

因此,状态检测防火墙的安全特性是最好的,但其配置非常复杂,会降低网络效率。

7.2.5 自适应代理技术

新型的自适应代理(Adaptive proxy)防火墙,本质上也属于代理服务技术,但它也结合了动态包过滤(状态检测)技术。

自适应代理技术是在商业应用防火墙中实现的一种革命性的技术。组成这类防火墙的基本要素有两个:自适应代理服务器与动态包过滤器。它结合了代理服务防火墙安全性和包过滤防火墙的高速度等优点,在保证安全性的基础上将代理服务器防火墙的性能提高 10 倍以上。

在自适应代理与动态包过滤器之间存在一个控制通道。在对防火墙进行配置时,用户仅仅将所需要的服务类型、安全级别等信息通过相应代理的管理界面进行设置就可以了。然后,自适应代理就可以根据用户的配置信息,决定是使用代理服务器从应用层代理请求,还是使用动态包过滤器从网络层转发包。如果是后者,它将动态地通知包过滤器增减过滤规则,满足用户对速度和安全性的双重要求。

7.3 防火墙的体系结构

防火墙体系结构一般有四种:过滤路由器结构、双穴主机结构、主机过滤结构和子网过滤结构。

7.3.1 过滤路由器结构

过滤路由器结构是最简单的防火墙结构,这种防火墙可以由厂家专门生产的过滤路由器来实现,也可以由安装了具有过滤功能软件的普通路由器实现,如图 7.5 所示。过滤路由器防火墙作为内外连接的唯一通道,要求所有的报文都必须在此通过检查。

路由器上可以安装基于 IP 层的报文过滤软件,实现报文过滤功能。许多路由器本身带有报文过滤配置选项,但一般比较简单。单纯由过滤路由器构成的防火墙的危险包括路由器本身及路由器允许访问的主机。过滤路由器的缺点是一旦被攻击并隐藏后很难被发现,而且不能识别不同的用户。

图 7.5 防火墙过滤路由器结构

7.3.2 双穴主机结构

双穴主机有两个接口。这样的主机可担任与这些接口连接的网络路由器,并可从一个网络到另一个网络发送 IP 数据包。但双穴主机防火墙结构却禁止这种发送。双穴主机可与内部网系统通信,也可与外部网系统通信。借助于双穴主机,防火墙内外两网的计算机便可间接通信了。

包过滤结构防火墙如图 7.6 所示。

图 7.6 包过滤结构防火墙示意图

7.3.3 主机过滤结构

主机过滤结构中提供安全保障的主机(堡垒主机)在内部网中,加上一台单独的过滤路由器,一起构成该结构的防火墙。

堡垒主机是 Internet 主机连接内部网系统的桥梁。任何外部系统试图访问内部网系统或服务,都必须连接到该主机上。因此该主机需要高级别安全。

主机过滤结构防火墙如图 7.7 所示,这种结构中,屏蔽路由器与外部网相连,再通过堡垒主机与内部网连接。来自外部网络的数据包先经过屏蔽路由器过滤,不符合过滤规则的数据包被过滤掉;符合规则的包则被传送到堡垒主机上。其代理服务软件将允许通过的信息传输到受保护的内部网上。

图 7.7　主机过滤结构防火墙

7.3.4　子网过滤结构

子网过滤体系结构添加了额外的安全层到主机过滤体系结构中,即通过添加参数网络,更进一步地把内部网络与 Internet 隔离开。

通过参数网络将堡垒主机与外部网隔开,减少堡垒主机被侵袭的影响。

子网过滤体系结构的最简单的形式为两个过滤路由器,每一个都连接到参数网络上,一个位于参数网与内部网之间,另一个位于参数网与外部网之间。这是一种比较复杂的结构,它提供了比较完善的网络安全保障和较灵活的应用方式。

子网过滤体系结构防火墙如图 7.8 所示。

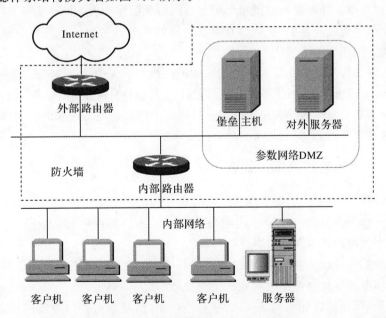

图 7.8　子网过滤体系结构防火墙

参数网络也叫周边网络,非军事区地带(demilitarized zone,DMZ)等,它是在内/外部网之间另加的一个安全保护层,相当于一个应用网关。如果入侵者成功地闯过外层保护网到达防火墙,参数网络就能在入侵者与内部网之间再提供一层保护。

如果入侵者仅仅侵入到参数网络的堡垒主机,他只能偷看到参数网络的信息流而看不到内部网的信息,参数网络的信息流仅往来于外部网到堡垒主机,没有内部网主机间的信息流(重要和敏感的信息)在参数网络中流动,所以堡垒主机受到损害也不会破坏内部网的信息流。

在子网过滤结构中,堡垒主机与参数网络相连,而该主机是外部网服务于内部网的主节点。

在内、外部路由器上建立包过滤,以便内部网的用户可直接操作外部服务器;在主机上建立代理服务,在内部网用户与外部服务器之间建立间接的连接。

该堡垒主机对内部网的主要服务有:

1)接收外来电子邮件并分发给相应站点。

2)接收外来 FTP 并连到内部网的匿名 FTP 服务器。

3)接收外来的有关内部网站点的域名服务。

(1)内部路由器。内部路由器的主要功能是保护内部网免受来自外部网与参数网络的侵扰。

内部路由器可以设定,使参数网络上的堡垒主机与内部网之间传递的各种服务和内部网与外部网之间传递的各种服务不完全相同。

内部路由器完成防火墙的大部分包过滤工作,它允许某些站点的包过滤系统认为符合安全规则的服务在内/外部网之间互传。

根据各站点的需要和安全规则,可允许的服务是如下的外向服务:Telnet、FTP、WAIS、Archie、Gopher 或者其他服务。

(2)外部路由器。外部路由器既可保护参数网络又可保护内部网。实际上,在外部路由器上仅做一小部分包过滤,它几乎让所有参数网络的外向请求通过。它与内部路由器的包过滤规则基本上是相同的。

外部路由器的包过滤主要是对参数网络上的主机提供保护。一般情况下,因为参数网络上主机的安全主要通过主机安全机制加以保障,所以由外部路由器提供的很多保护并非必要。

外部路由器真正有效的任务是阻隔来自外部网上伪造源地址进来的任何数据包。这些数据包自称来自内部网,其实它是来自外部网。

7.3.5 不同结构防火墙的组合

可以对不同结构的防火墙进行组合,比如:

(1)使用多堡垒主机。

(2)合并内部路由器与外部路由器。

(3)合并堡垒主机与外部路由器。

(4)合并堡垒主机与内部路由器。

(5)使用多台内部路由器。

(6)使用多台外部路由器。

(7)使用多个参数网络。

(8)使用双穴主机与子网过滤。

第8章 电子邮件安全和 IP 安全

8.1 电子邮件安全

现代信息社会里,在电子邮件广受欢迎的同时,其安全性问题也很突出。实际上,电子邮件的传送过程是邮件在网络上反复复制的过程,网络传输路径不确定,很容易遭到不明身份者的窃取、篡改、冒用甚至恶意破坏,给收、发双方带来麻烦。进行信息加密,保障电子邮件的传输安全已经成为广大 E-mail 用户的迫切要求。PGP(优良保密协议)的出现与应用很好地解决了电子邮件的安全传输问题,将传统的对称性加密与公开密钥加密方法结合起来,兼备了两者的优点。PGP 提供了一种机密性和鉴别的服务与支持,作为 1 024 位的公开密钥与 128 位的传统加密算法,它可以用于军事目的,完全能够满足电子邮件对于安全性能的要求。

8.1.1 操作描述

PGP 的实际操作由 5 种服务组成:鉴别、机密性、电子邮件的兼容性服务、压缩、分段和重装。

8.1.1.1 鉴别服务

PGP 的鉴别服务如图 8.1 所示。

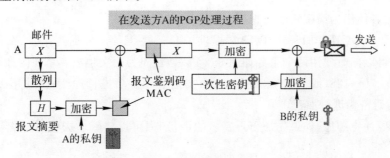

图 8.1 只进行鉴别

鉴别步骤如下：

(1)发送者创建报文。

(2)发送者使用 SH-1,生成报文的 160 bit 散列代码(邮件文摘)。

(3)发送者使用自己的私有密钥。采用 RSA 算法对散列代码进行加密,串接在报文的前面。

(4)接收者使用发送者的公开密钥,采用 RSA 解密和恢复散列代码。

(5)接收者为报文生成新的散列代码,并与被解密的散列代码相比较,如果两者匹配,则报文作为已鉴别的报文而接收。

另外,签名是可以分离的,例如法律合同,需要多方签名。每个人的签名是独立的,因而可以仅应用到文档上。否则,签名将只能递归使用。第二个签名对文档的第一个签名进行签名,依此类推。

8.1.1.2 机密性服务

在 PGP 中,每个常规密钥只使用一次,即对每个报文生成新的 128 bit 的随机数。为了保护密钥,使用接收者的公开密钥对它进行加密。加密服务如图 8.2 所示。

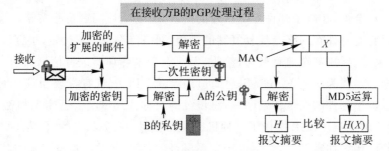

图 8.2 加密服务示意图

加密服务步骤如下:

(1)发送者生成报文和用作该报文会话密钥的 128 bit 的随机数。

(2)发送者采用 CAST-128 加密算法,使用会话密钥对报文进行加密,也可使用 IDEA 或 3DES。

(3)发送者采用 RSA 算法,使用接收者的公开密钥对会话密钥进行加密,并附加到报文前面。

(4)接收者采用 RSA 算法,使用自己的私有密钥解密和恢复会话密钥。

(5)接收者使用会话密钥解密报文。

除了使用 RSA 算法加密外,PGP 还提供了 Diffie-Hellman 的变体 ELGamal 算法。

对报文可以同时使用两个服务如图 8.3 所示,首先为明文生成签名并附加到报文首部,然后使用 CAST-128(或 IDEA、3DES)对明文报文和签名进行加密,再使用 RSA(或 ELGamal)对会话密钥进行加密。

在这里要注意顺序,如果先加密再签名的话,别人可以将签名去掉后签上自己的签名,从而篡改签名。

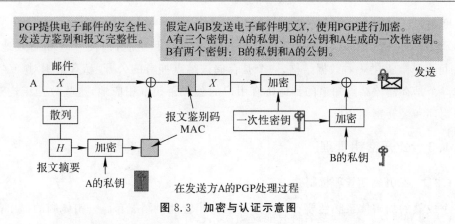

图 8.3　加密与认证示意图

8.1.1.3　电子邮件的兼容性服务

当使用 PGP 时,至少传输报文的一部分需要加密,因此部分或全部的结果报文由任意 8 bit 字节流组成。但由于很多的电子邮件系统只允许使用由 ASCⅡ 正文组成的块,所以 PGP 提供了 radix－64(就是 MIME 的 BASE64 格式)转换方案,将原始二进制流转化为可打印的 ASCⅡ 字符。

8.1.1.4　压缩

PGP 在加密前进行预压缩处理,PGP 内核使用 PKZIP 算法压缩加密前的明文。一方面对电子邮件而言,压缩后再经过 radix－64 编码有可能比明文更短,这就节省了网络传输的时间和存储空间;另一方面,明文经过压缩,实际上相当于经过一次变换,对明文攻击的抵御能力更强。

8.1.1.5　分段和重装

电子邮件设施经常受限于最大报文长度 50 000 个八位组的限制。超过这个值,报文将分成更小的报文段,每个段单独发送。分段是在所有其他的处理(包括 radix－64 转换)完成后才进行的,因此,会话密钥部分和签名部分只在第一个报文段的开始位置出现一次。在接收端,PGP 必须剥掉所在的电子邮件首部,并且重新装配成原来的完整的分组。

8.1.2　加密密钥和密钥环

(1)会话密钥的生成。PGP 的会话密钥是个随机数,它是基于 ANSI X9.17 的算法由随机数生成器产生的。随机数生成器从用户敲键盘的时间间隔上取得随机数种子。对于磁盘上的 randeseed.bin 文件采用和邮件同样强度的加密。这能有效地防止了他人从 randeseed.bin 文件中分析出实际加密密钥的规律。

(2)密钥标志符。允许用户拥有多个公开 K 私有密钥对:①不时改变密钥对;②同一时刻,多个密钥对在不同的通信组交互。所以用户和他们的密钥对之间不存在一一对应关系。假设 A 给 B 发信,B 就不知道用哪个私钥和哪个公钥认证。因此,PGP 给每个用户公钥指定一个密钥 ID,这在用户 ID 中可能是唯一的。它由公钥的最低 64 bit 组成 $(KU_a \bmod 2^{64})$

这个长度足以使密钥 ID 重复概率非常小。

(3)密钥环。密钥需要以一种系统化的方法来存储和组织,以便有效和高效地使用。PGP 在每个结点提供一对数据结构,一个是存储该结点拥有的公开/私有密钥对(私有密钥环);另一个是存储该结点知道的其他所有用户的公开密钥。相应地,这些数据结构被称为私有密钥环和公开密钥环。

8.1.3 公开密钥管理

8.1.3.1 公开密钥管理机制

一个成熟的加密体系必然要有一个成熟的密钥管理机制配套。公钥体制的提出就是为了解决传统加密体系的密钥分配过程不安全、不方便的缺点。例如网络黑客常用的手段之一就是"监听",通过网络传送的密钥很容易被截获。对 PGP 来说,公钥本来就是要公开,就没有防监听的问题。但公钥的发布仍然可能存在安全性问题,例如公钥被篡改(public key tampering)使得使用的公钥与公钥持有人的公钥不一致。这在公钥密码体系中是很严重的安全问题。因此必须帮助用户确信使用的公钥是与其通信的对方的公钥。

以用户 A 和用户 B 通信为例,现假设用户 A 想给用户 B 发信。首先用户 A 必须获取用户 B 的公钥,用户 A 从 BBS 上下载或通过其他途经得到 B 的公钥,并用它加密信件发给 B。不幸的是,用户 A 和 B 都不知道,攻击者 C 潜入 BBS 或网络中,侦听或截取到用户 B 的公钥,然后在自己的 PGP 系统中以用户 B 的名字生成密钥对中的公钥,替换了用户 B 的公钥,并放在 BBS 上或直接以用户 B 的身份把更换后的用户 B 的"公钥"发给用户 A。那 A 用来发信的公钥是已经更改过的,实际上是 C 伪装 B 生成的另一个公钥(A 得到的 B 的公钥实际上是 C 的公钥/密钥对,用户名为 B)。这样一来 B 收到 A 的来信后就不能用自己的私钥解密了。同时,用户 C 还可伪造用户 B 的签名给 A 或其他人发信,因为 A 手中的 B 的公钥是仿造的,用户 A 会以为真是用户 B 的来信。于是 C 就可以用他手中的私钥来解密 A 给 B 的信,还可以用 B 真正的公钥来转发 A 给 B 的信,甚至还可以改动 A 给 B 的信。

8.1.3.2 防止篡改的方法

(1)直接从 B 手中得到其公钥,这种方法有局限性。

(2)通过电话认证密钥;在电话上以 radix - 64 的形式口述密钥或密钥指纹。密钥指纹(keys fingerprint)就是 PGP 生成密钥 160 bit 的 SHA - 1 摘要(16 个 8 位十六进制)。

(3)从双方信任的 D 那里获得 B 的公钥。如果 A 和 B 有一个共同的朋友 D,而 D 知道他手中的 B 的公钥是正确的。D 签名的 B 的公钥上载到 BBS 上让用户去拿,A 想要取得公钥就必须先获取 D 的公钥来解密 BBS 或网上经过 D 签名的 B 的公钥,这样就相当于加了双重保险,一般没有可能去篡改而不被用户发现,即使是 BBS 管理员。这就是从公共渠道传递公钥的安全手段。有可能 A 拿到的 D 或其他签名的朋友的公钥也是假的,但这就要求攻击者必须对三人甚至很多人都很熟悉,这样的可能性不大,而且必需经过长时间的策划。

只通过一个签名公证力度可能是小了一点,于是 PGP 把用不同私钥签名的公钥收集在一起,发送到公共场合,希望大部分人至少认识其中一个,从而间接认证了用户 A 的公钥。同样用户 D 签了朋友 A 的公钥后应该寄回给他 A(朋友),这样就可以让他 A 通过该用户 D 被该用户 D 的其他朋友所认证。与现实中人的交往一样。PGP 会自动根据用户拿到的公钥分析出哪些是朋友介绍来的签名的公钥,把它们赋以不同的信任级别,供用户参考决定对它们的信任程度。也可指定某人有几层转介公钥的能力,这种能力随着认证的传递而递减。

(4)由一个普遍信任的机构担当第三方,即认证机构。这样的认证机构适合由非个人控制的组织或政府机构充当,来注册和管理用户的密钥对;现在已经有等级认证制度的机构存在,如广东省电子商务电子认证中心(www.cnca.net)就是一个这样的认证机构;对于那些非常分散的用户,PGP 更赞成使用私人方式的密钥转介。

8.1.3.3　信任的使用

PGP 确实为公开密钥附加信任和开发信任信息提供了一种方便的方法使用信任。

公开密钥环的每个实体都是一个公开的密钥证书。与每个这样的实体相联系的是密钥合法性字段,用来指示 PGP 信任"这是这个用户合法的公开密钥"的程度。信任程度越高,这个用户 ID 与这个密钥的绑定越紧密,这个字段由 PGP 计算。与每个实体相联系的还有用户收集的多个签名。反过来,每个签名都带有签名信任字段,用来指示该 PGP 用户信任签名者对这个公开密钥证明的程度。密钥合法性字段是从这个实体的一组签名信任字段中推导出来的。最后,每个实体定义了与特定的拥有者相联系的公开密钥,包括拥有者信任字段,用来指示这个公开密钥对其他公开密钥证书进行签名的信任程度(这个信任程度是由该用户指定的)。可以把签名信任字段看成是来自其他实体的拥有者信任字段的副本。

例如正在处理用户 A 的公开密钥环,操作描述如下:

(1)当 A 在公开密钥环中插入了新的公开密钥时,PGP 为与这个公开密钥拥有者相关联的信任标志赋值,插入 KU_a,则赋值=1,终极信任;否则,需说明这个拥有者是未知的、不可信任的、少量信任的和完全可信的等,赋以相应的权重值 $1/x$、$1/y$ 等。

(2)在新的公开密钥输入后,可以在它上面附加一个或多个签名,以后还可以增加更多的签名。在实体中插入签名时,PGP 在公开密钥环中搜索,查看这个签名的作者是否属于已知的公开密钥拥有者。如果是,就为这个签名的 SIGTRUST 字段赋以该拥有者的 OWNERTRUST 值;否则,赋以不认识的用户值。

(3 密钥合法性字段的值是在这个实体的签名信任字段的基础上计算的。如果至少一个签名具有终极信任的值,那么密钥合法性字段的值设置为完;否则,PGP 计算信任值的权重和。对于总是可信的签名赋以 $1/x$ 的权重,对于通常可信的签名赋以权重 $1/y$,其中 x 和 y 都是用户可配置的参数。当介绍者的密钥/用户 ID 绑定的权重总和达到 1 时,绑定被认为是值得信任的,密钥合法性被设置为完全。因此,在没有终极信任的情况下,需要至少 x 个签名总是可信的,或者至少 y 个签名是可信的,或者上述两种情况的某种组合。PGP 信任模型如图 8.4 所示。

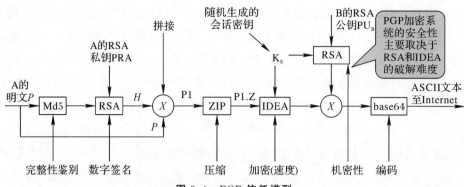

图 8.4　PGP 信任模型

总之,PGP 采用了 RSA 和传统加密的杂合算法,用于数字签名的邮件文摘算法、加密前压缩等,可以用来加密文件,还可以代替 UUencode 生成 RADIX-64 格式(就是 MIME 的 BASE64 格式)的编码文件。PGP 创造性地把 RSA 公钥体系的方便和传统加密体系的高速度结合起来,并且在数字签名和密钥认证管理机制上有巧妙的设计,这是目前最难破译的密码体系之一。用户通过 PGP 的软件加密程序,可以在不安全的通信链路上创建安全的消息和通信。PGP 协议已经成为公钥加密技术和全球范围内消息安全性的事实标准。因为所有人都能看到它的源代码,从而查找出故障和安全性漏洞。

8.2　IP 安全

IP 包本身并不继承任何安全特性,很容易便可伪造出 IP 包的地址、修改其内容、重播以前的包以及在传输途中拦截并查看包的内容。因此,我们不能担保收到的 IP 数据报:①来自原先要求的发送方(IP 头内的源地址);②包含的是发送方当初放在其中的原始数据;③原始数据在传输中途未被其他人看过。针对这些问题,IPSec 可有效地保护 IP 数据报的安全。

它采取的具体保护形式包括:①数据起源地验证;②无连接数据的完整性验证;③数据内容的机密性(是否被别人看过);④抗重播保护;⑤有限的数据流机密性保证。

IPSec 提供了一种标准的、健壮的以及包容广泛的机制,可用它为 IP 及上层协议(如 UDP 和 TCP)提供安全保证。它定义了一套默认的、强制实施的算法,以确保不同的实施方案相互间可以共通。而且假若想增加新的算法,其过程也是非常直接的,不会对共通性造成破坏。IPSec 为保障 IP 数据报的安全,定义了一个特殊的方法,它规定了要保护什么通信、如何保护它以及通信数据发给何人。IPSec 可保障主机之间、网络安全网关(如路由器或防火墙)之间或主机与安全网关之间的数据包的安全。由于受 IPSec 保护的数据报本身不过是另一种形式的 IP 包,所以完全可以嵌套提供安全服务,同时在主机之间提供像端到端这样的验证,并通过一个通道,将那些受 IPSec 保护的数据传送出去(通道本身也通过 IPSec 受到安全网关的保护)。

要想对 IP 数据报或上层协议进行保护,方法是使用某种 IPSec 协议:封装安全载荷(ESP)或者验证头(AH)。其中,AH 可证明数据的起源地、保障数据的完整性以及防止相同数据包的不断重播。ESP 则更进一步,除具有 AH 的所有能力之外,还可选择保障数据的机密性,以及为数据流提供有限的机密性保障。由于 ESP 具有 AH 的全部功能,有人会问了:"为何还要设计 AH 呢?"事实上,这个问题在数据安全领域已辩论了很久。两者间一项细微的差异是验证所覆盖的范围。后面的章节还会对此作更详细的讨论。

应注意的是,AH 或 ESP 所提供的安全保障完全依赖于它们采用的加密算法。针对一致性测试,以及为保证不同实施方案间的互通性,定义了一系列需要强制实行的加密算法。这些算法可提供常规性质的安全保障,然而加密技术的最新进展以及摩尔定律的连续证明(观察家认为每隔 18 个月,计算能力便增加一倍),使得默认的加密算法(采用 CBC 模式的 DES)不适合高度密集的数据,也不适合需要必须超长时期保密的数据。

IPSec 提供的安全服务需要用到共享密钥,以执行它所肩负的数据验证以及(或者)机密性保证任务。在此,强制实现了一种机制,以便为这些服务人工增加密钥。这样便可确保基本 IPSec 协议间的互通性(相互间可以操作)。当然,采用人工增加密钥的方式,未免会在扩展(伸缩)能力上大打折扣。因此,还定义了一种标准的方法,用以动态地验证 IPSec 参与各方的身份、协商安全服务以及生成共享密钥等等。这种密钥管理协议称为 IKE,即 Internet 密钥交换(Internet Key Exchange)。

随 IPSec 使用的共享密钥既可用于一种对称加密算法(在需要保障数据的机密性时),亦可用于经密钥处理过的 MAC(用于确保数据的完整性),或者同时应用于两者。IPSec 的运算速度必须够快,而现有公共密钥技术(如 RSA 或 DSS)的速度均不够快,以至于无法流畅地、逐个数据包地进行加密运算。目前,公共密钥技术仍然限于在密钥交换期间完成一些初始的验证工作。

8.2.1　IPSec 结构

IPSec 的结构文档(或基本架构文档)RFC2401,定义了 IPSec 的基本结构,所有具体的实施方案均建立在其基础之上。它定义了 IPSec 提供的安全服务;它们如何使用以及在哪里使用;数据包如何构建及处理;以及 IPSec 处理同策略之间如何协调;等等。

IPSec 协议(包括 AH 和 ESP)既可用来保护一个完整的 IP 载荷,亦可用来保护某个 IP 载荷的上层协议。这两方面的保护分别是由 IPSec 两种不同的模式来提供的。其中,传送模式用来保护上层协议;而通道模式用来保护整个 IP 数据报。在传送模式中,IP 头与上层协议头之间需插入一个特殊的 IPSec 头;而在通道模式中,要保护的整个 IP 包都需封装到另一个 IP 数据报里,同时在外部与内部 IP 头之间插入一个 IPSec 头。两种 IPSec 协议(AH 和 ESP)均能同时以传送模式或通道模式工作。分别处于传送模式和通道模式下的、受 IPSec 保护的 IP 包的结构如图 8.5 所示。

图 8.5　分别处于传送模式和通道模式下的、受 IPSec 保护的 IP 包

由构建方法所决定,对传送模式所保护的数据包而言,其通信终点必须是一个加密的终点。有时可用通道模式来取代传送模式,而且也许能由安全网关使用,来保护与其他连网实体(比如一个虚拟专用网络)有关的安全服务。在后一种情况下,通信终点便是由受保护的内部头指定的地点,而加密终点则是那些由外部 IP 头指定的地点。在 IPSec 处理结束的时候,安全网关会剥离出内部 IP 包,再将那个包转发到它最终的目的地。

前面已经说过,IPSec 既可在终端系统上实现,亦可在某种安全网关上实现(如路由器及防火墙)。典型情况下,这是通过直接修改 IP 堆栈来实现的,以便从最基本的层次支持 IPSec。但倘若根本无法访问一部机器的 IP 堆栈,便需将 IPSec 实现成为一个"堆栈内的块(Bump inthe Stack,BITS)"或者"线缆内的块(Bump in the Wire,BITW)"。前者通常以一个额外的"填充物"的形式出现,负责从 IP 堆栈提取数据包,处理后再将其插入;而后者通常是一个外置的专用加密设备,可单独设定地址。

为正确封装及提取 IPSec 数据包,有必要采取一套专门的方案,将安全服务/密钥与要保护的通信数据联系到一起;同时要将远程通信实体与要交换密钥的 IPSec 数据传输联系到一起。换言之,要解决如何保护通信数据、保护什么样的通信数据以及由谁来实行保护的问题。这样的构建方案称为安全联盟(Security Association,SA)。IPSec 的 SA 是单向进行的。也就是说,它仅朝一个方向定义安全服务,要么对通信实体收到的包进行"进入"保护,要么对实体外发的包进行"外出"保护。具体采用什么方式,要由三方面的因素决定:第一个是安全参数索引(SPI),该索引存在于 IPSec 协议头内;第二个是 IPSec 协议值;第三个是要向其应用 SA 的目标地址——它同时决定了方向。通常,SA 是以成对的形式存在的,每个朝一个方向。既可人工创建它,亦可采用动态创建方式。SA 驻留在安全联盟数据库(SADB)内。

若用人工方式加以创建,SA 便没有"存活时间"的说法。除非再用人工方式将其删除,否则便会一直存在下去。若用动态方式创建,则 SA 有一个存活时间与其关联在一起。这个存活时间通常是由密钥管理协议在 IPSec 通信双方之间加以协商而确立下来的。存活时间非常重要,因为受一个密钥保护的通信量,或者类似地,一个密钥保持活动以及使用的时间必须加以谨慎地管理。若超时使用一个密钥,会为攻击者侵入系统提供更多的机会。

IPSec 的基本架构定义了用户能以多大的精度来设定自己的安全策略。这样一来,某些通信便可大而化之,为其设置某一级的基本安全措施;而对其他通信则可谨慎对待,为其应用完全不同的安全级别。举个例子来说,我们可在一个网络安全网关上制定 IPSec 策略,对在其本地保护的子网与远程网关的子网间通信的所有数据,全部采用 DES 加密,并用 HMAC - MD 进行验证;另外,从远程子网发给一个邮件服务器的所有 Telnet 数据均用 3DES 进行加密,同时用 HMAC - SHA 进行验证;最后对于需要加密的、发给另一个服务器的所有 Web 通信数据则用 IDEA 满足其加密要求,同时用 HMAC - RIPEMD 进行验证。在各自独立的网络之间、受 IPSec 保护的数据流的关系如图 8.6 所示。

IPSec 策略由安全策略数据库(Security Policy Database SPD)加以维护。在 SPD 这个数据库中,每个条目都定义了要保护的是什么通信、怎样保护它以及和谁共享这种保护。对于进入或离开 IP 堆栈的每个包,都必须检索 SPD 数据库,调查可能的安全应用。对一个 SPD 条目来说,它可能定义了下述几种行为:丢弃、绕过以及应用。其中,丢弃表示不让这个包进入或外出；绕过表示不对一个外出的包应用安全服务，也不指望一个进入的包进行了保密处理；而应用是指对外出的包应用安全服务，同时要求进入的包已应用了安全服务。对那些定义了"应用"行为的 SPD 条目，它们均会指向一个或一套 SA，表示要将其应用于数据包。

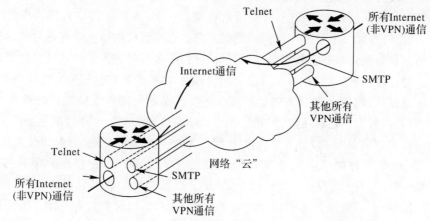

图 8.6　在各自独立的网络之间、受 IPSec 保护的数据流

IPSec 通信到 IPSec 策略的映射关系是由选择符（Selector）来建立的。选择符标识通信的一部分组件，它既可以是一个粗略的定义，也可以是一个非常细致的定义。IPSec 选择符包括目标 IP 地址、源 IP 地址、名字、上层协议、源和目标端口以及一个数据敏感级（假如也为数据流的安全提供了一个 IPSec 系统）。这些选择符的值可能是特定的条目、一个范围或者是一个"不透明"。在策略规范中，选择符之所以可能出现"不透明"的情况，是因为在那个时刻，相关的信息也许不能提供给系统。举个例子来说，假定一个安全网关同另一个安全网关建立了 IPSec 通道，它可指定在该通道内传输的（部分）数据是网关背后的两个主机之间的 IPSec 通信。在这种情况下，两个网关都不能访问上层协议或端口，因为它们均被终端主机进行了加密。"不透明"亦可作为一个通配符使用，表明选择符可为任意值。

假定某个 SPD 条目将行为定义为"应用"，但并不指向 SADB 数据库内已有的任何一个 SA，那么在进行任何实际的通信之前，首先必须创建那些 SA。如果这个规则用于自外入内的"进入（Inbound）"通信，而且 SA 尚不存在，则按照 IPSec 基本架构的规定，数据包必须丢弃。假如该规则用于自内向外的"外出（Outbound）"通信，则通过 Internet 密钥交换，便可动态地创建 SA。

IPSec 结构定义了 SPD 和 SADB 这两种数据库之间如何沟通，这是通过 IPSec 处理功能——封装与拆封来实现的。此外，它还定义了不同的 IPSec 实施方案如何共存。然而，它却没有定义基本 IPSec 协议的运作方式。这方面的信息包含在另外两个不同的文件中，一个定义了封装安全载荷（RFC2406），另一个对验证头（RFC2401）进行了说明。

两种 IPSec 协议均提供了一个抗重播服务（Antireplay）。尽管它并非 IPSec 基本结构明确定义的一部分内容，但却是两种协议中非常重要的一环。为此，有必要重点讲述一下。为了抵抗不怀好意的人发起重播攻击，IPSec 数据包专门使用了一个序列号，以及一个"滑动"的接收窗口。在每个 IPSec 头内，都包含了一个独一无二且单调递增的序列号。创建好一个 SA 后，序列号便会初始化为零，并在进行 IPSec 输出处理前，令这个值递增。新的 SA

必须在序列号回归为零之前创建。由于序列号的长度为 32 位,所以必须在 2 的 32 次方个数据包之前。接收窗口的大小可为大于 32 的任何值,但推荐为 64。从性能考虑,窗口大小最好是最终实施 IPSec 的那台计算机的字长度的整数倍。

窗口最左端对应于窗口起始位置的序列号,而最右端对应于将来的第"窗口长度"个数据包。接收到的数据包必须是新的,且必须落在窗口内部,或靠在窗口右侧。否则,便将其丢弃。那么,如何判断一个数据库是"新"的呢?只要它在窗口内是从未出现过的,我们便认为它是新的。假如收到的一个数据包靠在窗口右侧,那么只要它未能通过真实性测试,也会将其丢弃。如通过了真实性检查,窗口便会向右移动,将那个包包括进来。注意数据包的接收顺序可能被打乱,但仍会得到正确的处理。还要注意的是那些接收迟的数据包(也就是说,在一个有效的数据包之后接收,但其序列号大于窗口的长度),这种数据包会被丢弃。

重播窗口的结构如图 8.7 所示。尽管长度仅为 16 位,不符合规定,但如仅出于演示之目的,它还是非常适合的。图 8.7 窗口最左端的序列号为 N,最右端的序列号自然为 $N+15$。编号为 N、$N+7$、$N+9$、$N+16$ 和 $N+18$ 以及之后的数据包尚未收到(以阴影表示)。如果最近收到的数据包 $N+17$ 通过了真实性检查,窗口便会向右滑动一个位置,使窗口左侧变成 $N+2$,右侧变成 $N+17$。这样便会造成数据包 N 无可挽回地丢弃,因为它现在变成靠在滑动接收窗口的左侧。但要注意的是,倘若包 $N+23$ 未接收到,而且事先通过了真实性检查,$N+7$ 这个包仍会被收到。

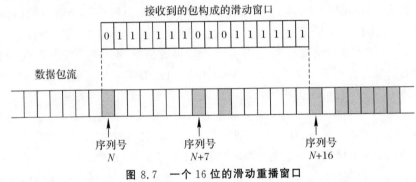

图 8.7　一个 16 位的滑动重播窗口

要注意的一个重点是,除非造成窗口向前滑动的那个包通过了真实性检查,否则窗口是不会真的前进的。否则的话,攻击者便可生成伪造的包,为其植入很大的序列号,令窗口错误移至有效序列的范围之外,造成我们将有效的数据包错误地丢失。

8.2.2　封装安全载荷

封装安全负载(Encapsulating Security Payload,ESP)属于 IPSec 的一种协议,可用于确保 IP 数据包的机密性(未被别人看过)、数据的完整性以及对数据源的身份验证。此外,它也要负责对重播攻击的抵抗。具体做法是在 IP 头(以及任何 IP 选项)之后,并在要保护的数据之前,插入一个新头,亦即 ESP 头。受保护的数据可以是一个上层协议,或者是整个 IP 数据报。最后,还要在最后追加一个 ESP 尾。ESP 是一种新的 IP 协议,对 ESP 数据包的标识是通过 IP 头的协议字段来进行的。假如它的值为 50,就表明这是一个 ESP 包,而且紧接在 IP 头后面的是一个 ESP 头。在 RFC2406 文件中,对 ESP 进行了详细的定义。

此外,RFC1827 还定义了一个早期版本的 ESP。该版本的 ESP 没有提供对数据完整性的支持,IPSec 工作组现在强烈反对继续使用它。以 RFC1827 为基础,目前已有几套具体的实施方案,但它们都会被最新的 ESP 定义所取代。

由于 ESP 同时提供了机密性以及身份验证机制,所以在其 SA 中必须同时定义两套算法。用来确保机密性的算法叫作 cipher(加密器),而负责身份验证的叫作 authenticator(验证器)。每个 ESP SA 都至少有一个加密器和一个验证器。我们亦可定义 NULL(NULL 是"空"的意思)加密器或 NULL 验证器,分别令 ESP 不作加密和不作验证。但在单独一个 ESP SA 内,假如同时定义了一个 NULL 加密器和一个 NULL 验证器,却是非法的。因为这样做不仅会为系统带来无谓的负担,也毫无安全保证可言。在此要特别强调一点,假如拿一种安全协议来做不安全的事情,甚至比一开始就不用安全协议还要糟。因为这可能造成安全的假象,使人的警惕性松懈。ESP 具有安全保密特性,所以千万不要以明显不安全的形式使用。

ESP 头并未加密,但 ESP 尾的一部分却进行了加密,如图 8.8 所示。然而,要使一个接收端能对包进行正常处理,使用明文便已足够了。由于采用了 SPI,同时这个包的 IP 头还附有目标 IP 地址,所以为标识一个 SA,它必须采用明文形式。除此以外,序列号和验证数据也必须是明文,不可加密。这是由 ESP 包的指定处理顺序所决定的:首先查验序列号,然后查验数据的完整性,最后对数据进行解密。由于解密放在最后一步进行,所以序列号和验证数据自然要采取明文形式。一个受 ESP 保护的 IP 包结构如图 8.8 所示。

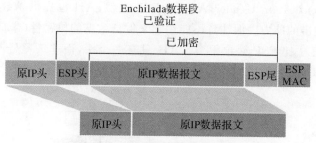

图 8.8　一个受 ESP 保护的 IP 包

随 ESP 使用的所有加密算法必须以加密算法块链(CBC)模式工作。CBC 要求加密的数据量刚好是加密算法(加密器)的块长度的整数倍。进行加密时,可在数据尾填充适当的数据,来满足这项要求。随后,填充数据会成为包密文的一部分,并在完成了 IPSec 处理后,由接收端予以剔除。假如数据已经是加密器的块长度的一个整数倍,便无须增加填充内容。注意这里要采用恰当的实施方案,来提供对 DES 的支持。

CBC 模式中的加密器也要求一个初始矢量(IV)来启动加密过程。这个 IV 包含在载荷字段内,通常是第一批字节。然而,最终还是要由特定的算法规范来作出决定,定义 IV 包含在什么地方,同时定义 IV 的大小。对 DES‑CBC 来说,IV 是受保护数据字段的头 8 个字节。

如前所述,ESP 既有一个头,也有一个尾,其间封装了要保护的数据。其中,头部分包含了 SPI 和序列号,而尾部则包含了填充数据(如果有的话)、与填充数据的长度有关的一个指示符、ESP 后的数据采用的协议以及相关的验证数据。验证数据的长度取决于采用的是何种验证器。此时需采用恰当的实施方案,以同时提供对 HMAC‐MD5 和 HMAC‐SHA 这两种验证器的正确支持,输出数据的长度是 96 位。然而,大家会注意到这两个 MAC 会产生长度不同的摘要。其中,HMAC‐MD5 产生一个 128 位的摘要,而 HMAC‐SHA 产生一个 160 位的摘要。这样做并没有什么不妥,因为只有摘要的高 96 位才被用作 ESP 的验证数据。之所以决定使用 96 位,是因为它能与 IPv6 很好地协调。

至于将 MAC 的输出截去一部分是否安全,目前仍然颇有争议。但大多数人都认为,这种做法并不存在先天性的安全问题。而且事实上,它或许还能增大一定的安全系数。但无论对两个必需的验证器(验证算法)具体如何处理,以后新问世的验证器也许能为任意长度,而且通过填充数据来确保与规范的符合(所谓要保持整数倍数等等)。

ESP 规范规定了 ESP 头的格式、采用传送模式或通道模式时头的位置、输出数据处理、输入数据处理以及另外一些信息(比如分段和重新装配等)。ESP 规范对随 ESP 使用的转码方案提出了具体要求,但却没有指出那些转码方案到底是什么。这方面的资料要由单独的转码规则来给出。目前,有一份文件描述了如何将 DES‐CBC 作为 ESP 的加密算法使用;另外两份文件则描述了如何利用对 HMAC‐MD5 和 HMAC‐SHA 输出的截取,来实现对 ESP 的验证。其他加密算法文档包括 Blowfish‐CBC、CAST‐CBC 以及 3DES‐CBC (均可选为最终的实施方案)。

8.2.3 验证头

验证头(Authentication Header,AH)与 ESP 类似,AH 也提供了数据完整性、数据源验证以及抗重播攻击的能力。但注意不能用它来保证数据的机密性(未被他人窥视)。正是由于这个原因,AH 头比 ESP 简单得多。AH 只有一个头,而非头尾皆有。除此以外,AH 头内的所有字段都是一目了然的。验证头的结构如图 8.9 所示。

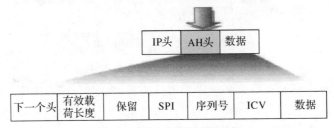

图 8.9 受 AH 保护的 IP 包

RFC2402 定义了最新版本的 AH,而 RFC1826 定义的是 AH 的一个老版本,现已明确不再推荐对它提供支持。在那份 RFC 文件中指定的 AH 的重要特性仍在新文件中得到了保留,亦即保证数据的完整性以及对数据源的验证。此外,自 RFC1826 问世以来,还出现了一些新的特性和概念上的澄清,它们都已加入新文件。例如,抗重播保护现已成为规范不可分割的一部分,同时增加了在通道模式中使用 AH 的定义。和 RFC1827 一样,RFC1826 也存在着几种具体的实施方案。随着新的 IPSec RFC 的出台,这些不再赞成使用的转码方案也被新方案所取代。

和 ESP 头相似,AH 头也包含一个 SPI;要处理的包定位 SA;一个序列号,提供对重播攻击的抵抗;另外还有一个验证数据字段,包含用于保留数据包的加密 MAC 的摘要。和

ESP 相同,摘要字段的长度由采用的具体转码方案决定。但不太一样的是,AH 默认的、强制实施的加密 MAC 是 HMAC－MD5 和 HMAC－SHA,两者均被截短为刚好 96 位。定义了如何将 MAC 应用于 ESP 的同样两份文件——定义 HMAC－MD5－96 的 RFC2403 以及定义 HMAC‐SHA‐96 的 RFC2404——也定义了如何将它们应用于 AH。

由于 AH 并不通过 CBC 模式下的一个对称加密算法来提供对数据机密性的支持,所以没有必要对其强行填充数据,以满足长度要求。有些 MAC 可能需要填充(如 DES‐CBC‐MAC),但至于具体的填充技术资料,则留待对 MAC 本身进行描述的文件加以定义。

AH 的验证范围与 ESP 有区别。AH 验证的是 IPSec 包的外层 IP 头。因此,AH 文件对 IPv4 及 IPv6 那些不定的字段进行了说明。比如,在包从源传递到目的地的过程中,可能会由路由器进行修改。在对验证数据进行计算之前,这些字段首先必须置零。

AH 文件定义了 AH 头的格式、采用传送模式或通道模式时头的位置、对输出数据如何处理、对输入数据如何处理以及另一些相关信息,比如对分段及重新装配的控制等等。

8.2.4　Internet 密钥交换

随 IPSec 一道,我们使用了"安全联盟"的概念,用它定义如何对一个特定的 IP 包进行处理。对一个外出的数据包而言,它会"命中"SPD,而且 SPD 条目指向一个或多个 SA(多个 SA 构成一个 SA 捆绑)。假如没有 SA 可对来自 SPD 的策略进行例示,便有必要自行创建一个。此时便需 Internet 密钥交换(IKE)发挥作用了。IKE 唯一的用途就是在 IPSec 通信双方之间,建立起共享安全参数及验证过的密钥(亦即建立"安全联盟"关系)。

IKE 协议是 Oakley 和 SKEME 协议的一种混合,并在由 ISAKMP 规定的一个框架内运作。ISAKMP 是"Internet 安全联盟和密钥管理协议"的简称,即 Internet Security Association and Key Management Protocol。ISAKMP 定义了包格式、重发计数器以及消息构建要求。事实上,它定义了整套加密通信语言。Oakley 和 SKEME 定义了通信双方建立一个共享的验证密钥所必须采取的步骤。IKE 利用 ISAKMP 语言对这些步骤以及其他信息交换措施进行表述。

IKE 实际上是一种常规用途的安全交换协议,可用于策略的磋商,以及验证加密材料的建立,适用于多方面的需求,如 SNMPv3、OSPFv2 等等。IKE 采用的规范是在解释域(Domain of Interpretation DOI)中制定的。针对 IPSec 存在着一个名为 RFC2407 的解释域,它定义了 IKE 具体如何与 IPSec SA 进行协商。如果其他协议要用到 IKE,每种协议都要定义各自的 DOI。

IKE 采用了"安全联盟"的概念,但 IKE SA 的物理构建方式却与 IPSec SA 不同。IKE SA 定义了双方的通信形式。举例来说,用哪种算法来加密 IKE 通信,怎样对远程通信方的身份进行验证,等等。随后,便可用 IKE SA 在通信双方之间提供任何数量的 IPSec SA。因此,假如一个 SPD 条目含有一个 NULL SADB 指针,那么 IPSec 方案采取的行动就是将来自 SPD 的安全要求传达给 IKE,并指示它建立 IPSec SA。

由 IKE 建立的 IPSec SA 有时也会为密钥带来完美向前保密(FPS)特性。而且如果愿意,亦可使通信对方的身份具有同样的特性。通过一次 IKE 密钥交换,可创建多对 IPSec

SA。而且单独一个 IKE SA 可进行任意数量这种交换。正是由于提供了丰富的选择，才使得 IKE 除了包容面广以外，还具有高度的复杂性。

IKE 协议由打算执行 IPSec 的每一方执行；IKE 通信的另一方也是 IPSec 通信的另一方。换言之，假如想随远程通信实体一道创建 IPSec SA，那么必须将 IKE 传达给那个实体，而非传达给一个不同的 IKE 实体。协议本身具有请求响应特性，要求同时存在一个发起者（Initiator）和一个响应者（Responder）。其中，发起者要从 IPSec 那里接收指令，以便建立一些 SA。这是由于某个外出的数据包同一个 SPD 条目相符所产生的结果。它负责为响应者对协议进行初始化。

IPSec 的 SPD 会向 IKE 指出要建立的是什么，但却不会指示 IKE 怎样做。至于 IKE 以什么方式来建立 IPSec SA，要由它自己的策略设定所决定。IKE 以保护组（Protection suite）的形式来定义策略。每个保护组至少需要定义采用的加密算法、散列算法、Diffie－Hellman 组以及验证方法。IKE 的策略数据库则列出了所有保护组（按各个参数的顺序）。由于通信双方决定了一个特定的策略组后，它们以后的通信便必须根据它进行，所以这种形式的协商是两个 IKE 通信实体第一步所需要做的。

双方建立一个共享的秘密时，尽管事实上有多种方式都可以做到，但 IKE 无论如何都只使用一个 Diffie－Hellman 交换。进行 Diffie－Hellman 交换这一事实是铁定的，是不可协商改变的。但是，对其中采用的具体参数而言，却是可以商量的。IKE 从 Oakley 文档中借用了五个组。其中三个是传统交换，对一个大质数进行乘幂模数运算；另外两个则是椭圆曲线组。Diffie－Hellman 交换以及一个共享秘密的建立是 IKE 协议的第二步。

Diffie－Hellman 交换完成后，通信双方已建立了一个共享的秘密，只是尚未验证通过。它们可利用该秘密（在 IKE 的情况下，则使用自它衍生的一个秘密）来保护自家的通信。但在这种情况下，却不能保证远程通信方事实上是自己所信任的。因此，IKE 交换的下一个步骤便是对 Diffie－Hellman 共享秘密进行验证，同时理所当然地，还要对 IKE SA 本身进行验证。IKE 定义了五种验证方法：预共享密钥、数字签名（使用数字签名标准，即 DSS）、数字签名（使用 RSA 公共密钥算法）、用 RSA 进行加密的 nonce 交换，以及用加密 nonce 进行的一种"校订"验证方法。它与其他加密的 nonce 方法稍有区别（所谓 nonce，其实就是一种随机数字。IKE 交换牵涉到的每一方都会对交换的状态产生影响）。

我们将 IKE SA 的创建称为阶段一。阶段一完成后，阶段二便开始了。在这个阶段中，要创建 IPSec SA。针对阶段一，可选择执行两种交换。一种叫作主模式（Main Mode）交换，另一种叫作野蛮模式（Aggressive Mode）交换。其中，野蛮模式的速度较快，但主模式更显灵活。而阶段二仅能选择一种交换模式，即 Quick Mode（快速模式）。这种交换会在特定的 IKE SA 的保护之下，协商拟定 IPSec SA（IKE SA 是由阶段一的某种交换所创建的）。

在默认情况下，IPSec SA 使用的密钥是自 IKE 秘密状态衍生的。伪随机 nonce 会在快速模式下进行交换，并与秘密状态进行散列处理，以生成密钥，并确保所有 SA 都拥有独一无二的密钥。所有这样的密钥均不具备完美向前保密（PFS）的特性，因为它们都是从同一个根密钥衍生出来的（IKE 共享秘密）。为了提供 PFS，Diffie－Hellman 公共值以及衍生出它们的那个组都要和 nonce 一道进行交换，同时还要交换具体的 IPSec SA 协商参数。最后,用得到的秘密来生成 IPSec SA,以确保实现所谓的完美向前保密。

为正确地构建 IPSec SA,协议的发起者必须向 IKE 指出在自己的 SPD 数据库中,哪些选择符与通信的类别相符。这方面的信息将采用身份载荷,在快速模式下进行交换。它对哪些通信可由这些 SA 保护进行了限制。到本书完稿时为止,IPSec 结构文档提供的选择符组已远超 IKE 协议本身所允许的。IKE 协议既不能表达端口范围,也不能表达"all except(除……外所有的)"构建方式。例如,"除 6 000 外大于 1 024 的所有 TCP 端口"。我们希望在快速模式交换下,选择符的表达规范能够得以扩充,以支持更全面的选择符表达方式。

完成了快速模式下的工作之后,IKE SA 会恢复为一种静止状态,等候由 IPSec 传来进一步的指令,或来自通信对方的进一步通信。对 IKE SA 来说,除非它的存活时间(TTL)到期,或者由于某种外部原因造成了 SA 的删除(比如执行一个命令,对 IKE SA 的数据库进行清空处理),否则它会一直保持活动状态。

阶段一交换(主模式或野蛮模式)中的头两条消息也会交换小甜饼(Cookie)。它们类似于伪随机数,但实际上只是临时的,而且要受到通信对方的 IP 地址的约束。Cookie 是对一个独特的秘密、对方的身份以及一个基于时间的计数器进行综合散列运算而创建起来的。如果只是不经意地看到,便会发现这种散列运算的结果颇为类似于一个随机数。然而,Cookie 的接收者却能很快地判断它是否生成了 Cookie。方法是对散列进行重新构建。这样便将 Cookie 与对方绑定到了一起,并能针对"服务否认"攻击提供有限的抵抗能力。因为若非经历了一次完整的循环,而且完成了 Cookie 的交换,否则工作是不会实际执行的。

大家可以理解,只要一个人有心,便能很轻松地写出一个例程,用它构建出伪造的 IKE 消息,并用伪造的源地址,将其发到一个目的地。假定响应者(Responder)为了确定自己是在同一个真实的 IKE 通信方打交道,而不是在和一个正在伪造数据库的攻击者打交道,事先进行了大量的调查取证工作,那么无须置疑,频繁发来的伪造数据包会把它压得抬不起头来(亦即所谓的"服务否认"攻击)。因此,在主模式中,响应者不可进行任何实质性的 Diffie－Hellman 工作,除非它自发起者那里收到了第二条消息,并验证那条消息内确实包含了一个专为那个发起者生成的小甜饼。

野蛮模式并未针对服务否认攻击来提供这样的保护措施。参与通信的双方在三条消息内完成交换(相反,主模式要用六条),并在每条消息里传送多得多的信息。收到第一条野蛮模式消息后,响应者必须进行一次 Diffie - Hellman 乘幂运算,这要在它有机会检查下一条消息(实际是最后一条消息)包含的 Cookie 之前进行。

这些 Cookie 用来标识 IKE SA。在阶段一的交换期间,完成了对收到消息的处理,以及完成了响应的发送以后,IKE SA 便会从一种状态过渡为另一种。状态的转变是一蹴而就的。而阶段二的交换却与此不同。阶段二的交换对其本身来说是独一无二的。尽管它受到阶段一的 IKE SA 的保护,但却拥有自己的状态。所以,在通信双方之间,完全可能有两个或更多的阶段二交换同时进行协商,而且均处在同一个 IKESA 的保护之下。所以对阶段二的每个交换来说,都必须创建一个临时状态机,以便追踪协议的转变。交换完成后,状态就会扔到一边。由于每一个这样的临时状态机都受到同一个 IKE SA 的保护,所以交换消息全都有相同的小甜饼对。对每个阶段二交换来说具有唯一性的一个标识符用来将这些交换复合到单独一个管道内,如图 8.10 所示,该标识符称为消息 ID。

图 8.10 "阶段一的一个 IKE SA 保护着阶段二的多个交换

对一个 IKE 进程来说,有必要向位于任何交换之外的通信对方发送一条消息。这可以是一个通知,告知对方共享的某些 IPSec SA 即将删除;也可以是一个报告,指出遇到的错误。通知消息或删除消息通过另一个独特的交换进行传送,名为信息交换(Informational Exchange)。这是一种单向发送的消息,不必专为这种消息的发送设置重发计时器,也不指望从对方收到回音。这种信息交换与阶段二的某种交换的共通之处在于,它们都要受到一个 IKE SA 的保护,但都具有独特的性质,并拥有自己的状态机(实际上是一种非常简单的状态)。因此,每个信息交换都有其独一无二的消息 ID,以便能通过单独一个 IKE SA,随快速模式交换以及其他信息交换一起复合传送。

为正确实施 IKE,需遵守三份文件(文档)的规定,它们包括:①基本 ISAKMP 规范(RFC2408);②IPSec 解释域(RFC2407);③IKE 规范本身(RFC2409)。

第9章 身份认证

9.1 身份认证技术概述

随着全球化经济模式的出现以及科学技术的高速发展,网络技术应用越来越广泛,网络越来越普及,网络安全问题也随之增多,怎样保证上网用户个人信息安全和保证网络数据的机密性、完整性等,是我们必须要重点解决的问题。而网络技术的不断发展进步,也让网络安全受到更多的关注,在安全系统中重点技术就是使用身份认证技术。本章主要分析了几种身份认证的技术和方式,目的在于让广大读者了解网络安全系统中的身份认证技术应用及其发展。

身份认证技术就是通过计算机网络来确定使用者的身份,重点是解决网络双方的身份信息是否真实的问题,使通信双方在进行各种信息交流时可以在一个安全的环境中。在信息安全里,身份认证技术在整个安全系统中是重点,也是信息安全系统首要"看门人"。因此,基本的安全服务就是身份认证,另外的安全服务也都需要建立在身份认证的基础上,身份认证系统具有十分重要的地位,但也最容易受到攻击。

网络环境下对身份认证的需求包括:

(1)唯一的身份标识(ID);

(2)抗被动的威胁(窃听),如图9.1所示,口令不在网上明码传输。

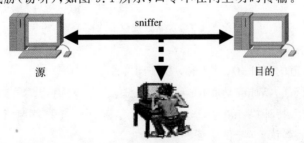

图 9.1 **被动威胁**

(3)抵抗主动的威胁,如图 9.2 所示,比如阻断、伪造、重放,网络上传输的认证信息不可重用。

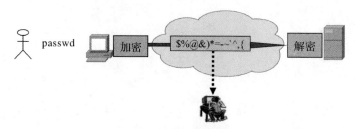

图 9.2　主动威胁

为了防止域名欺骗、地址假冒等,一般身份认证都进行双向认证,如图 9.3 所示。

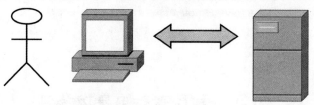

图 9.3　双向认证

单点登录(Single Sign-On):用户只需要一次认证操作就可以访问多种服务。一次满足客户可扩展性的要求。单次认证提供多次服务如图 9.4 所示。

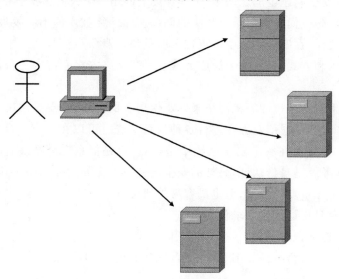

图 9.4　单次认证提供多次服务

身份认证的基本途径:

(1)基于你所知道的(What you know):知识、口令、密码。

(2)基于你所拥有的(What you have):身份证、信用卡、钥匙、智能卡、令牌等。

(3)基于你的个人特征(What you are):指纹、笔迹、声音、手型、脸型、视网膜、虹膜。

(4)双因素、多因素认证(身份认证的基本模型)。

(5)申请者(Claimant)。

(6)验证者(Verifier)。

(7)认证信息(Authentication Information AI)。

(8)可信第三方(Trusted Third Party)。

身份认证的基本模型如图9.5所示。

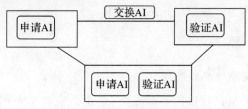

图9.5　身份认证的基本模型

常用的身份认证技术/协议有:①简单口令认证;②质询/响应认证;③一次性口令认证(One Time Password OTP);④Kerberos 认证;⑤基于公钥证书的身份认证;⑥基于生物特征的身份认证。

9.2　基于口令的身份认证

9.2.1　质询/响应认证

质询/响应认证(Challenge and Response Handshake Protocol),其中 Client 和 Server 共享一个密钥。质询/响应认证原理如图9.6所示。

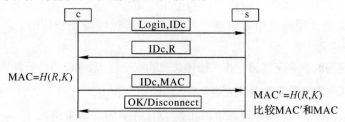

图9.6　质询/响应认证原理

消息验证码(Message Authentication Code,MAC)的计算可以基于 Hash 算法、对称密钥算法、公开密钥算法。

9.2.2　一次性口令

一次性口令(OTP)包括 S/Key 和 SecurID 等。一次性口令认证原理如图9.7所示。

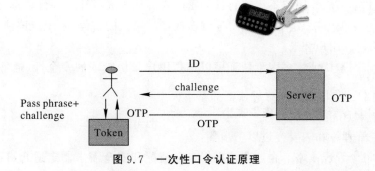

图9.7　一次性口令认证原理

OTP 的主要思路是:在登录过程中加入不确定因素,使每次登录过程中传送的信息都不相同,以提高登录过程安全性。例如:登录密码＝MD5(用户名＋密码 ＋时间),系统接收到登录口令后做一个验算即可验证用户的合法性。

9.2.3 口令的管理

9.2.3.1 口令管理策略的必要性

随着互联网技术和信息化程度的不断提高,企业面临着越来越多的安全威胁。口令管理作为企业安全体系中最基础、最重要的一环,其重要性不言而喻。

首先,良好的口令管理可以有效防止黑客攻击。黑客通常使用暴力破解等手段获取用户密码,如果用户设置过于简单或者容易猜测的密码,那么黑客攻击成功率就会大大增加。

其次,合理设置口令规则可以提高用户密码强度。通过限制密码长度、复杂度以及修改周期等方式来保证用户密码强度,在一定程度上可以防止内部人员滥用权限和泄露机密。

最后,良好的口令管理还可以降低企业运营成本。通过自动化工具实现自动化审计、自动化提醒等功能,可以减少人工干预,提高效率。

9.2.3.2 口令管理策略的原则

制定口令管理策略时,需要遵循以下原则:

(1)安全性原则。保证密码的安全性是口令管理的首要原则。企业应该制定复杂度要求较高的密码规则,并且加强对密码泄露和滥用的监控。

(2)便捷性原则。用户使用密码应该方便快捷,不过度烦琐。同时,企业也应该为用户提供密码重置等服务。

(3)合法性原则。企业应该遵守相关法律法规和安全标准,确保口令管理策略合法有效。

9.2.3.3 口令管理策略的具体内容

针对不同企业和系统,口令管理策略可能会有所不同。通常情况下,一个完整的口令管理策略包括以下内容:

(1)密码长度和复杂度要求。通常情况下,密码长度不少于 8 位,并且必须包含大小写字母、数字以及特殊符号等多种字符。

(2)密码修改周期设置。建议每隔 3 个月或 6 个月强制用户修改一次密码。

(3)禁止使用常见密码。禁止用户使用过于简单或者常见的密码,例如"123456""password"等。

(4)禁止共享密码。用户不得将自己的密码告诉他人或者让他人代替自己登录系统。

(5)限制登录失败次数。如果用户连续多次输入错误的密码,系统应该锁定账号或者延迟一段时间再允许用户登录。

(6)使用多因素认证。多因素认证可以提高用户身份验证的安全性,通常包括密码、指纹、短信验证码等多个因素。

9.2.3.4 口令管理策略实施步骤

实施口令管理策略需要经过以下步骤:

(1)制定口令管理策略。企业应该根据自身情况和安全需求制定适合自己的口令管理策略,并且将其写入安全政策和操作规程中。

(2)宣传教育。企业应该通过培训、会议等方式向员工宣传口令管理策略,并且强调其重要性和必要性。

(3)技术实现。企业可以采用各种技术手段来实现口令管理策略,例如使用密码复杂度检查工具、设置密码修改周期提醒等功能。

(4)监控审计。企业应该建立完善的监控和审计机制,及时发现并处理口令管理方面的问题。

9.2.3.5　口令管理策略的注意事项

在实施口令管理策略时,需要注意以下事项:

(1)不要强制用户使用过于复杂或者难以记忆的密码,否则会降低用户使用系统的积极性。

(2)避免频繁修改密码。如果密码修改周期过于频繁,会增加用户使用系统的负担和成本。

(3)不要过度依赖技术手段。技术手段可以辅助实现口令管理策略,但是不能完全取代人工操作和监控。

(4)及时更新口令管理策略。随着技术和安全环境的不断变化,企业需要及时更新自己的口令管理策略,并且对员工进行相应培训。

9.3　Kerberos 认证技术

9.3.1　Kerberos 简介

Kerberos 提供了一种在开放式网络环境下进行身份认证的方法,并允许个人访问网络中不同的机器,它使网络上的用户可以相互证明自己的身份。Kerberos 采用对称密钥体制(采用 DES,也可用其他算法代替)对信息进行加密。

基本思想是:Kerberos 基于对称密码体制,它与网络上的每个实体分别共享一个不同密钥,能正确对信息进行解密的用户就是合法用户。用户在对应用服务器进行访问之前,必须先从第三方(Kerberos 服务器)获取该应用服务器的访问许可证(ticket)。Kerberos 的基本组织结构如图 9.8 所示。

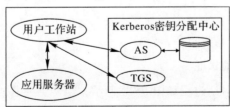

图 9.8　Kerberos 的基本组织结构图

AS:Kerberos Server(认证服务器);TGS:Ticket – Granting Service(许可证颁发服务器)

简要说一下 Kerberos 是如何工作的。

(1)假设你要在一台电脑上访问另一个服务器(你可以发送 telnet 或类似的登录请求),

你知道服务器要接受你的请求必须要有一张 Kerberos 的"入场券"。

（2）要得到这张入场券，你首先要向验证服务器（AS）请求验证。验证服务器会创建基于你的密码（从你的用户名而来）的一个"会话密钥"（就是一个加密密钥），并产生一个代表请求的服务的随机值。这个会话密钥就是"允许入场的入场券"。

（3）然后，你把这张允许入场的入场券发到授权服务器（TGS）。TGS 物理上可以和验证服务器是同一个服务器，只不过它现在执行的是另一个服务。TGS 返回一张可以发送给请求服务的服务器的票据。

（4）服务器或者拒绝这张票据，或者接受这张票据并执行服务。

（5）因为你从 TGS 收到的这张票据是打上时间戳的，所以它允许你在某个特定时期内（一般是 8 小时）不用再验证就可以使用同一张票来发出附加的请求。使这张票拥有一个有限的有效期使其以后不太可能被其他人使用。

实际的过程要比刚才描述的复杂得多。用户过程也会根据具体执行有一些改变。

9.3.1.1 一个简单的认证对话

一个简单的认证对话过程如图 9.9 所示。

C 和 V 都必须在 AS 中注册，共享密钥 K_c，K_v

$$C \rightarrow AS: IDc \parallel Pc \parallel IDV$$

$$AS \rightarrow C: Ticket$$

$$C \rightarrow V: IDc \parallel Ticket$$

$$Ticket = EKv(IDc \parallel ADc \parallel IDv)$$

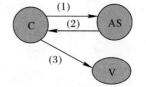

图 9.9　一个简单的认证对话过程

$C = Client$

$AS = Authentication\ Server$

$V = Server$

$IDc = identifier\ of\ User\ on\ C$

$IDv = identifier\ of\ V$

$Pc = password\ of\ user\ on\ C$

$ADc = network\ address\ of\ C$

$Kv = secret\ key\ shared\ bye$
　　$AS\ and\ V$

$\parallel = concatention$

问题一：明文传输口令。

问题二：每次访问都要输入口令。

9.3.1.2 一个更安全的认证

一个更加安全的认证对话过程如图 9.10 所示。

（1）认证对话（每次登录认证一次）。

$$C \rightarrow AS: IDC \parallel IDtgs$$

$$AS \rightarrow C: EKc[Ticket\ tgs]$$

其中：$Tickettgs = EKtgs[IDC \parallel ADC \parallel IDtgs \parallel TS1 \parallel Lifetime1]$

（2）获取服务票据（每种服务一次）。

　　C→TGS：IDC ‖ IDv ‖ Tickettgs

　　TGS→C：Ticketv

其中：Ticket v ＝EKv［ IDC ‖ ADC ‖ IDV ‖ TS2 ‖ Lifetime2］

（3）访问服务（每次会话一次）。

　　C→V：IDc ‖ Ticketv

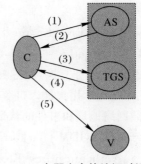

图 9.10　一个更安全的认证对话过程

口令没有在网络上传输。Ticket tgs 可重用，用一个 ticket tgs 可以请求多个服务。

（4）认证服务。

1）票据发放服务（Ticket Granting Service）。票据（Ticket）是一种临时的证书，用 tgs 或应用服务器的密钥加密，包括 TGS 票据和服务票据。

2）加密。加密存在两个问题：

问题一：票据许可票据 tickettgs 的生存期？

　　　　如果太大，容易造成重放攻击；

　　　　如果太短，用户总是要输入口令。

问题二：如何向用户认证服务器？

解决方法：增加一个会话密钥（Session Key）。

9.3.1　Kerberos V4

Kerberos V4 的认证过程如图 9.11 所示。

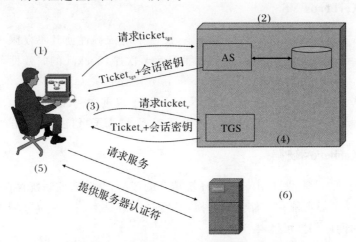

图 9.11　Kerberos V4 的认证过程

Kerberos V4 的报文交换如下。

（1）AS 交换，获得 Tickettgs。

1）用户登录工作站，请求主机服务。

　　C →AS：IDC ‖ IDtgs ‖ TS1

2）AS 在数据库中验证用户的访问权限，生成 Tickettgs 和会话密钥，用由用户口令导出的密钥加密。

$$AS \rightarrow C: EKc[Kc, tgs \parallel IDtgs \parallel TS2 \parallel Lifetime2 \parallel Tickettgs]$$

其中，$Tickettgs = EKtgs[Kc, tgs \parallel IDC \parallel ADC \parallel IDtgs \parallel TS2 \parallel Lifetime2]$

（2）TGS 服务交换，获得服务票据 Ticketv。

工作站提示用户输入口令，用来对收到的报文进行解密，然后将 Tickettgs 以及包含用户名称、网络地址和事件的认证符发给 TGS。

$$C \rightarrow TGS: IDV \parallel Tickettgs \parallel Authenticatorc$$

$$\qquad Authenticatorc = EKc, tgs[IDc \parallel ADc \parallel TS3]$$

$$\qquad Tickettgs = EKtgs[Kc, tgs \parallel IDC \parallel ADC \parallel IDtgs \parallel TS2 \parallel Lifetime2]$$

TGS 对票据和认证符进行解密，验证请求，然后生成服务许可票据 Ticket v。

$$TGS \rightarrow C: EKc, tgs[Kc, v \parallel IDV \parallel TS4 \parallel Ticketv]$$

$$Ticketv = EK v[Kc, v \parallel IDC \parallel ADC \parallel IDv \parallel TS4 \parallel Lifetime4]$$

（2）客户户/服务器认证交换：获得服务。

1）工作站将票据和认证符发给服务器。

$$C \rightarrow V: Ticketv \parallel Authenticatorc$$

$$Ticketv = EK v[Kc, v \parallel IDc \parallel ADc \parallel IDv \parallel TS4 \parallel Lifetime4]$$

$$Authenticatorc = EKc, v[IDc \parallel ADc \parallel TS5]$$

3）服务器验证票据 Ticketv 和认证符中的匹配，然后许可访问服务。如果需要双向认证，服务器返回一个认证符。

$$V \rightarrow C: EKc, v[TS5 + 1]$$

9.3.2　Kerberos V5

Kerberos V5 改进 version 4 的环境缺陷，加密系统依赖性使其不仅限于 DES，除此之外还有 Internet 协议依赖性：不仅限于 IP，消息字节次序，Ticket 的时效性，Authentication forwarding，Inter-realm authentication。

Kerberos V5 弥补了 Kerberos V4 的不足，取消了双重加密，以 CBC-DES 替换非标准的 PCBC 加密模式，并且每次会话更新一次会话密钥，增强了抵抗口令攻击的能力。

9.3.3　Kerberos 缺陷

（1）Kerberos 的设计是与 MIT 校园环境结合的产物，在分布式系统存在一些局限性。

（2）原有的认证很可能被存储或被替换，虽然时间戳是专门用于防止重放攻击的，但在许可证的有效时间内仍然可能奏效。

（3）认证码的正确性是基于网络中所有的时钟保持同步。

（4）Kerberos 防止口令猜测攻击的能力很弱，攻击者可收集大量的许可证，通过计算和密钥分析进行口令猜测。实际上，最严重的攻击是恶意软件攻击。

（5）Kerberos 服务器的损坏将使得整个安全系统瘫痪，而且在分布式系统中密钥的管理、分配、存储都存在问题。

9.4　基于 X509 公钥证书的认证

9.4.1　X509 认证框架

CA：Certificate Authority，签发证书。

RA：Registry Authority，验证用户信息的真实性。

Directory：用户信息、证书数据库（没有保密性要求）。

证书获取可以：①从目录服务中得到；②在通信过程中交换。

X509 认证过程如图 9.12 所示。

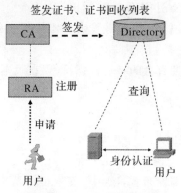

图 9.12　X509 的认证过程

9.4.2　X509 证书

9.4.2.1　证书的结构

X509 证书的结构如图 9.13 所示。

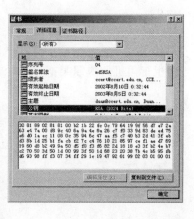

图 9.13　X509 证书的结构

（1）版本号：标识证书的版本（版本 1、版本 2 或是版本 3）。

（2）序列号：标识证书的唯一整数，由证书颁发者分配的本证书的唯一标识符。

（3）签名：用于签证书的算法标识，由对象标识符加上相关的参数组成，用于说明本证书所用的数字签名算法。例如，SHA－1 和 RSA 的对象标识符就用来说明该数字签名是利用 RSA 对 SHA－1 杂凑加密。

（4）颁发者：证书颁发者的可识别名（DN）。

（5）有效期：证书有效期的时间段。本字段由"Not Before"和"Not After"两项组成，它们分别由 UTC 时间或一般的时间表示（在 RFC2459 中有详细的时间表示规则）。

（6）主体：证书拥有者的可识别名，这个字段必须是非空的，除非是在证书扩展中有别名。

（7）主体公钥信息：主体的公钥（以及算法标识符）。

（8）颁发者唯一标识符：标识符—证书颁发者的唯一标识符，仅在版本 2 和版本 3 中有要求，属于可选项。

（9）主体唯一标识符：证书拥有者的唯一标识符，仅在版本 2 和版本 3 中有要求，属于可选项。

9.4.2.2　X509 证书格式

X509 证书格式如图 9.14 所示。

（1）一个 X509 证书将一个公钥与一个名称捆绑在一起。

（2）由一个信任的第三方（即发布者，Issuer）签发证书请求，将一个公钥和一个名称（以及其他的一些信息）捆绑在一起。

9.14　X509 证书的格式

证书与出租车司机的执照类似，如图 9.15 所示。

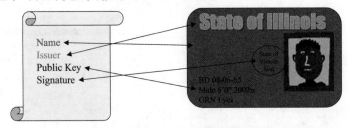

图 9.15　X509 证书与出租车执照对比

9.4.2.3　证书中心结构

证书中心结构（Certificate Authorities，CAs）如图 9.16 所示。

（1）CAs 是一个可信任的第三方机构。

（2）CA 需要签发自己的证书（即 root CA），并以一种可信任的方式进行分布。

（3）CA 主要负责对用户的密钥或证书发放、更新、废止、认证等管理工作。

（4）CA 可以具有层次结构。

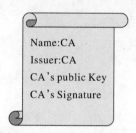

图 9.16　X509 证书中心

9.4.2.4　证书申请过程

证书申请过程如图 9.17 所示。为了申请一个证书，用户需要先产生一个密钥对（公钥/私钥对），私钥被以用户所输入的口令进行加密，并存储在足有私钥拥有者能够访问的地方，公钥被加入证书请求中，证书中除用户产生的公钥外，还有用户的一些其他相关信息。

图 9.17　X509 证书的申请及内容

9.4.2.5　证书校验过程

证书校验过程如图 9.18 所示。

图 9.18　X509 证书的校验

（1）产生证书请求后，用户将这个证书请求发送到 CA。

（2）通常，CA 有一个注册中心（Registration Authority，RA）验证用户的证书请求。

（3）确保这个名称在整个 CA 中是唯一的。

（4）这个名称是用户的真实名称。

（5）RA 将通过校验的用户证书请求提交给 CA。

9.4.2.6　证书签发过程

证书签发过程如图 9.19 所示。

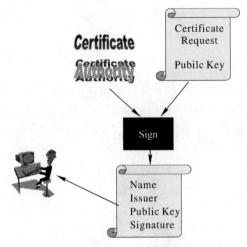

图 9.19　X509 证书的签发

9.4.2.7　符号记法

证书还可以采用如下的符号记法：

$CA<<A>>= CA\{V,SN,AI,CA,TA,A,Ap\}$

$Y<<A>>$：表示证书权威机构 Y 发给用户 X 的证书。

$Y\{I\}$：表示 Y 对 I 的签名，由 I 和用 Y 的私钥加密的散列码组成。

证书的安全性：任何具有 CA 公钥的用户都可以验证证书有效性；除了 CA 以外，任何人都无法伪造、修改证书。

9.4.2.8　签名的过程

（1）单向认证（One-Way Authentication）。X509 单向认证过程如图 9.20 所示。

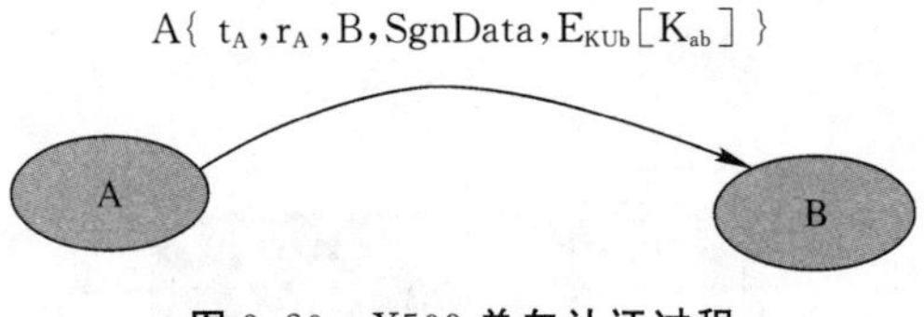

$$A\{ t_A,r_A,B,SgnData,E_{KUb}[K_{ab}] \}$$

图 9.20　X509 单向认证过程

t_A：时间戳。

r_A：Nonce，用于监测报文重发的一个随机序列值。

SgnData:待发送的数据。

$E_{KUb}[K_{ab}]$:用 B 的公钥加密的会话密钥。

B 收到数据以后,用 A 的公钥验证数字签名,从而确信的确是从 A 发送来的;通过 t_A 验证时效性,通过 r_A 验证没有重发。

(2)双向认证(Two-Way Authentication)。X509 双向认证过程如图 9.21 所示。

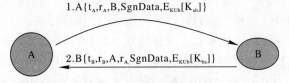

图 9.21　X509 双向认证过程

t_A:时间戳。

r_A:Nonce,用于监测报文重发的一个随机序列值。

SgnData:待发送的数据。

$E_{KUb}[K_{ab}]$:用 B 的公钥加密的会话密钥。

(3)三向认证(Three-Way Authentication)。

X509 三向认证过程如图 9.22 所示。

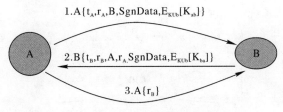

图 9.22　X509 三向认证过程

t_A:时间戳。

r_A:Nonce,用于监测报文重发的一个随机序列值。

SgnData:待发送的数据。

$E_{KUb}[K_{ab}]$:用 B 的公钥加密的会话密钥。

9.4.3　不同管理域的问题

不同信任域的问题如图 9.23 所示。

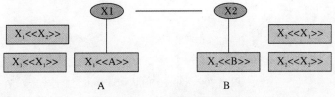

图 9.23　不同信任域的问题

也称分布式信任模型,CA 之间交叉认证。将信任分散到两个或者多个 CA 上。

优点：具有较好的灵活性，从安全性削弱的 CA 中恢复相对容易，并且只是影响相对较少的用户，增加新的信任域比较容易。

缺点：路径发现比较困难，扩展性差。

9.5　基于生物特征的身份认证

每个人所具有的唯一生理特征：指纹、视网膜、声音、虹膜、语音、面部、签名等。

基于生物特征的身份认证技术核心技术包括生物特征采集、生物特征识别、生物特征比对等 3 个方面。生物特征采集通过特定的传感器设备获取用户的生物特征信息，例如，指纹识别技术会采集用户指尖的纹路信息；虹膜识别技术会采集用户眼睛的虹膜图像等信息。生物特征识别则是将采集到的生物特征信息进行预处理，提取出特征点、算法等说明代表用户身份的关键特征信息。生物特征比对则是将用户采集和存储于系统中的生物特征模板进行比对，判断是否一致从而完成身份的认证。

基于生物特征的认证系统的误判如图 9.24 所示。

(1)第一类错误：错误拒绝率(FRR)。

(2)第二类错误：错误接受率(FAR)。

(3)交叉错判率(CER)：FRR＝FAR 的交叉点。

(4)CER 用来反映系统的准确度。

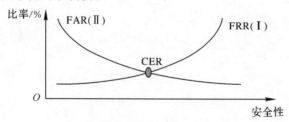

图 9.24　基于生物特征的认证系统的误判

基于生物特征的认证技术可以应用于多个场景，例如金融、医疗、政府机构甚至民生领域等。在金融领域中，银行可以利用指纹、面部识别等技术来对客户进行身份认证，保障交易安全。在医疗领域中，可利用生物特征来对患者身份进行确认，以及对医疗卡、处方单等敏感信息进行保护。在政府机构中，则可以利用生物特征技术作为公民身份认证手段。在民生领域，生物特征技术可用于保护移动设备和个人信息的安全，如指纹解锁手机等。

参 考 文 献

［1］ 吴迪，赵琢，陈逢.连续测量体温监测仪的设计与实现［J］.自动化与仪表，2022，37（9）：
77－82.

［2］ 樊战亭.基于单片机无线控制的智能插座设计［J］.价值工程，2022，41（29）：89－91.

［3］ 王洪亮，杨陈臣，刘志坚.基于 STC89C51 单片机的智能茶叶晾晒系统研究［J］.现代电
子技术，2022，45（22）：176－180.

［4］ IQBAL W，ABBAS H，DANESHMAND M，et al. An in-depth analysis of IoT security
requirements，chllenges，and their countermeasures via soflware－defined securily［J］.
IEEE Internet of Things Journal，2020，7（10）：10250－10276.

［5］ 王忠慧.基于嵌入式操作系统网络安全技术的探究［J］.网络安全技术与用，2020（4）：15－16.

［6］ 蒋泽宇.浅谈密码学及其在计算机网络安全中的作用［J］.价值工程，2020，39（16）：189－191.

［7］ ALAMEEN A. Repeated attribute optimization for big data encryption［J］. Computers，Ma-
terials and Continua（Tech Science Press），2022，40（1）：53－64.

［8］ 宁晗阳，马苗，杨波，等.密码学智能化研究进展与分析［J］.计算机科学，2022，49（9）：
288－296.

［9］ 葛钊成，胡汉平.神经网络与密码学的交叉研究［J］.密码学报，2021，8（2）：215－231.

［10］ 周炳，高美珍，洪家平.面向单片机及嵌入式系统的 AES 算法改进研究［J］.单片机与
嵌入式系统应用，2018，18（9）：42－46.

［11］ 徐微，李睿勋，陈泽昕，等.基于 NB－IoT 智能点滴监测系统的设计与实现［J］.自动化
与仪表，2022，37（9）：94－98.

［12］ 毕然，张德忠，张建喜.面向形象设计的农作物温控系统应用研究［J］.农机化研究，
2022，44（11）：229－233.

［13］ 康晋.基于 LoRa 无线通信的工业机器人远程监控系统设计［J］.计算机测量与控制，
2022，30（9）：119－124.

[14] SRIVASTAVA V,DEBNATH S K,STANICA P,et al. A multivariate identity-based broadcast encryption with applications to the internet of things[J]. Advances in Mathematics of Communications,2023,17(6):1302 – 1313.

[15] 黄竞辉,黄一平.基于 STM32 的无线通信系统数据加密技术研究[J].电子世界,2018(16):178,180.

[16] 柯亚文,蔡挺,夏晓峰,等.面向嵌入式系统的加密算法性能检测方法[J].重庆大学学报,2020,43(11):1 – 10.

[17] BAGHERI N,SADEGHI S,RAVI P,et al. Statistical ineffective persistent faults analysis on feistel ciphers[J]. IACR Trans Cryptogr Hardw Embed Syst,2022(3):367 – 390.

[18] 贾伟,朱磊.DES 加密算法在网络通信中的实现[J].网络安全技术与应用,2020(3):34 – 36.

[19] 黄伟.DES 加密算法的改进方案[J].信息安全与通信保密,2022(7):100 – 105.

[20] 周煜轩,曾连荪.动态化 DES 算法变体研究[J].计算机应用与软件,2022,39(5):342 – 349.

[21] YEH Y S,CHEN I T,HUANG T Y,et al. Dynamic extended DES[J]. Journal of Discrete Mathematical Sciences and Cryptography,2006,9(2):321 – 330.

[22] ARSHAD S,KHAN M. New extension of data encryption standard over 128 bit key for digital images[J]. Neural Comput and Application,2021,33(20):13845 – 13858.

[23] 佟晓筠,苏煜粤,张淼,等.基于混沌和改进广义 Feistel 结构的轻量级密码算法[J].信息网络安全,2022(8):8 – 18.

[24] 张旭,洪家平.基于 DES 加密算法的改进研究[J].湖北师范大学学报(自然科学版),2021,41(4):55 – 61.

[25] MERKLE R C,HELLMAN M M. On the security of multiple encryption[J]. Communications of the ACM,1981,24(7):465 – 467.

[26] WU Y H,DAI X Q. Encryption of accounting data using DES algorithm in computing environment[J]. Journal of Intelligent & Fuzzy Systems:Applications in Engineering and Technology,2020,39(4):5085 – 5095.

[27] 郭媛,敬世伟,许鑫,等.基于矢量分解和相位剪切的非对称光学图像加密[J].红外与激光工程,2020,49(4):231 – 240.

[28] 周连兵,周湘贞,崔学荣.基于双重二维混沌映射的压缩图像加密方案[J].计算机科学,2022,49(8):344 – 349.